AF559037

JAN HAFT

WILD NIS

Unser Traum von unberührter Natur

PENGUIN VERLAG

Cradle to Cradle Certified® ist eine eingetragene Marke des Cradle to Cradle Products Innovation Institute.

Penguin Random House Verlagsgruppe FSC® N001967

2. Auflage

Umschlaggestaltung: Büro Jorge Schmidt, München
Umschlagabbildungen: © Shutterstock; © iStock
Satz: Vornehm Mediengestaltung GmbH, München
Druck und Bindung: GGP Media GmbH, Pößneck
Printed in Germany
ISBN 978-3-328-60273-6
www.penguin-verlag.de

INHALT

WILDNIS

Wenn man zu Fuß in einem Wildreservat in Afrika unterwegs ist oder durch einen amerikanischen Nationalpark wandert, erlebt man das Gefühl, der Natur bis zu einem gewissen Grad ausgeliefert zu sein: die Weite, in der man sich verlaufen und verlieren könnte; die Absenz vertrauter Zeichen von Zivilisation (vor allem fehlender Mobilfunkempfang); die Möglichkeit, dass einem plötzlich ein großes Raubtier über den Weg läuft oder dass ein Gewitter heraufzieht, vor dem man sich nicht so einfach in Sicherheit bringen kann. In der Wildnis werden wir uns rasch unserer Grenzen bewusst, erahnen das große Ganze der Natur und spüren, dass wir – so auf uns alleine gestellt – nicht mehr als ein Staubkorn im Universum sind.

Um die Natur als groß und uns selbst als kleines, aber zum Bild gehörendes Puzzleteil der Natur zu erleben, müssen wir jedoch nicht unbedingt weit reisen. Eine Bergtour durch ein abgelegenes Alpental oder eine Wattwanderung an der Nordsee können denselben Effekt haben. Und wenn wir uns erst richtig auf die Natur einlassen und genau hinschauen, genügt auch ein Streifzug durch eine Wiese, einen Wald, ein Moor oder das Verweilen im eigenen Garten. Auch hier können wir in das mannigfaltige Beziehungsgeflecht der Natur eintauchen und die großen und kleinen Wunder erleben, die die Evolution im Lauf der Erdgeschichte hervorgebracht hat.

Ob in der Fremde oder in heimischen Gefilden, uns erfasst schnell das Staunen darüber, wie viele Arten da ihren eigenen Weg gehen, wie sie mit der belebten und unbelebten Umwelt in Beziehung treten und so ihren Lebensraum beeinflussen. Sie folgen Gesetzmäßigkeiten, die nicht von uns Menschen gemacht wurden, und erinnern uns daran, dass das Leben auf der Erde ohne uns entstanden ist und ohne uns zurechtkommt.

Wo allein die Gesetze der Natur regieren, da herrscht Wildnis. Ganz im Gegensatz zu jenen Orten, an denen wir Menschen die natürlichen Abläufe bestimmen. Die Savanne der Serengeti in Ostafrika, wo Abertausende Lebensformen sich das Land teilen und nach Jahrmillionen alten Regeln zusammenleben, ist offenkundig Wildnis. Und was ist bei uns?

Der Volksmund bezeichnet ungepflegte Gärten als »verwildert« und ungemähte Vegetation als »Wildwuchs«. Ist vielleicht ein wenig Wildnis überall dort, wo die Natur ungestört ihre Kräfte entfalten kann, wenigstens auf kleinstem Raum? Wo all jene Organismen, die eben da sind, auf ihre Mit- und Gegenspieler treffen und mittels ihrer im Laufe der Evolution erworbenen Strategien interagieren, und seien es nur die Blattläuse und Marienkäfer im Rosenstrauch vor der Terrasse?

Welche Kräfte und wie viele Prozesse sind unentbehrlich, damit ein Gebiet die Bezeichnung Wildnis verdient?

Was fasziniert uns überhaupt daran, warum träumen viele Menschen von unberührter Wildnis als idealer Landschaft? Haben wir ein schlechtes Gewissen aufgrund unserer gar nicht mehr so intakten Umwelt, die die einen als Produkt einer schier unüberschaubar komplexen Evolution betrachten und die anderen schlicht als Schöpfung? Unberührte, ursprüngliche Natur gibt es bei uns nicht mehr, denn hierzulande ist praktisch das gesamte Land vom Menschen überformt. Bedeutet das im Umkehrschluss, dass Wildnis entsteht, wenn wir ein ausgewähltes Gebiet sich selbst überlassen und aufhören zu bestimmen, was dort fortan passiert? Dieser entscheidenden Frage wollen wir in diesem Buch auf den Grund gehen. Was also ist Wildnis?

Wildlebende Tiere, Pilze und Pflanzen werden weltweit weniger, auch bei uns. Darüber kann nicht hinwegtäuschen, dass vereinzelt große Tiere in unsere Landschaften zurückkehren. Biber, Wolf und Seeadler sind wieder häufig anzutreffen, weil wir ihnen nicht mehr hemmungslos nachstellen. Wie andere Rückkehrer auch, gehören sie alle zu jenen Spezies, die nicht viele Ansprüche an ihren Lebensraum stellen, einst im ganzen Land zu Hause waren, jedoch aus unterschiedlichen Gründen fast bis zur Ausrottung bejagt wurden.

Die Mehrheit der bedrohten Arten stellt dagegen sehr wohl Ansprüche an ihren Lebensraum. Ansprüche, die unsere industrialisierte und für unsere Zwecke optimierte Landschaft immer weniger erfüllt. Während einige wenige Arten in unserer modernen Kulturlandschaft gut zurechtkommen, brauchen die meisten Organismen einen Lebensraum, der ursprünglicher Natur zumindest nahekommt. Wenn nur wenige Prozent unserer Landschaften so wären, wie sie waren, bevor sich der Mensch die Erde untertan machte, hätten wohl alle bedrohten Arten einen sicheren Hafen. Fragt sich nur, wie es bei uns einmal aussah. Und die nächste, vielleicht viel wichtigere Frage ist: Wie müssten neu geschaffene Wildnisgebiete heute am besten aussehen, damit wir den Artenschwund aufhalten können?

Hinter uns liegt die »UN-Dekade Biologische Vielfalt«. Sie wurde 2010 von den Vereinten Nationen ausgerufen, um zur Bewahrung der auf der ganzen Erde bedrohten biologischen Vielfalt zu werben. Im Hinblick auf diese weltweite Kampagne hatte die Bundesregierung 2007 beschlossen, dass zwei Prozent der Fläche Deutschlands Wildnis werden sollen. Die UN-Dekade verstrich, ohne dass viel passiert ist. Damals wie heute gelten nicht mehr als 0,6 Prozent der Fläche Deutschlands offiziell als Wildnis. Und: Können diese Gebiete die zentrale Aufgabe, die biologische Vielfalt zu sichern, überhaupt erfüllen? Laufen dort genügend natürliche Prozesse ab, um dem Begriff Wildnis wirklich gerecht zu werden?

Sieht man einmal vom Meer und dem Hochgebirge ab, sind unsere Naturschutzgebiete und Nationalparks überwiegend bewaldet. Wenn wir auf geräumten und beschilderten Wegen durch diese geschützten Wälder spazieren, sehen wir rechts und links abgestorbene Bäume. Sie stehen da als hölzerne Gerippe, liegen flach auf dem Boden oder sind kreuz und quer übereinander getürmt. Je nachdem von welchen Baumarten es stammt und wie feucht das tote Holz ist, ragen unterschiedliche Pilzkonsolen – die flachen, harten Fruchtkörper der Baumpilze – aus den Baumleichen. Aus liegenden Stämmen wachsen junge Nadelbäumchen. Sie waren als nackte, aber geflügelte Samen hier gelandet, nach der ersten und letzten Reise ihres Lebens. Der Wind hat sie aus den Baumkronen herabgeweht, und nun stehen sie für den Rest ihrer Zeit an diesem Ort.

Was für ein Glücksfall! Pilze und Mikroorganismen zerlegen das abgestorbene Holz nach und nach in seine Bestandteile. In den Fraßgängen von Insekten sammeln sich deren Hinterlassenschaften und anderer Abfall. All diese freiwerdenden Nährstoffe lösen sich im Wasser, das der morsche Stamm nach jedem Regen aufsaugt. Die Baumleiche wird zu einem riesigen Powerriegel, und die Bäumchen obenauf können aus dem Vollen schöpfen. Zudem haben die Keimlinge hier gute Chancen, auf einen passenden Pilz zu treffen, der sich mit ihnen über die Wurzeln verbindet und im besten Fall eine lebenslange Symbiose eingeht. Vier Fünftel aller Gewächse leben in einer solchen Partnerschaft mit den Pilz-Wesen, die weder Tier noch Pflanze sind. Auf dem leicht erhabenen, modernden Holzkörper ist es außerdem etwas wärmer als auf dem Boden ringsum, was den Bäumchen ebenfalls zugutekommt. Das jahrzehntelange Vergehen des darniederliegenden Pflanzenriesen steht also nicht nur im übertragenen Sinne für Erneuerung und Wachstum, sondern es schafft dafür auch nahrhaften Boden.

Wie viele kleine Bäume aus morschen Stämmen emporwachsen, ja wie viele Sprösslinge der Bäume überhaupt im Wald stehen, hängt aber nicht nur von dem Angebot an lebensnotwendigen Nährstoffen ab. Auch das verfügbare Sonnenlicht spielt eine große Rolle. Manche Baumarten vertragen in ihrer Jugend Schatten gut, andere überhaupt nicht, was zu dem bemerkenswerten Umstand führt, dass eine Art wie die Eiche in einem durchschnittlichen Wald ohne Förster auf Dauer nicht überleben kann. Auch wenn eine ausgewachsene Eiche noch jahrhundertelang in einem dichten, schattigen Wald gedeiht; ihr Nachwuchs hat hier wegen des Lichtmangels und der Konkurrenz durch schneller wachsende Gehölze keine Chance emporzukommen.

Begegnen wir einem abgestorbenen Baum, aus dem jede Menge Pilzkonsolen ragen, erschaudern wir bei dem Gedanken, dass er vielleicht zweihundert Jahre lang wuchs, dass er seit einem Jahrzehnt hier als Baumleiche steht, bis er irgendwann umfällt und anschließend ein halbes Jahrhundert lang am Boden vergeht. Was für Zeiträume!

Für uns Naturliebhaber liegt ein großer Zauber darin, wenn auf einem Fleckchen Erde der Mensch keinen Einfluss mehr nimmt und die Natur nur noch ihren eigenen Gesetzmäßigkeiten gehorcht. Der Plural

»Gesetzmäßigkeiten« weist darauf hin, dass es viele verschiedene sind. Diese Naturgesetze äußern sich in unterschiedlichen Prozessen wie Feuer, Sturm, Hochwasser oder der Massenvermehrung von sogenannten Forstschädlingen, die ihre Wirkung auf Landschaft und Vegetation frei entfalten dürfen. Dort, wo sie ungehindert ablaufen, ist Wildnis, das haben wir eingangs bereits festgestellt. »Prozessschutz« heißt daher das offizielle Schlüsselwort für Schutzgebiete, in denen der Mensch nicht oder nicht mehr eingreift.

Die Fachleute sind sich in einem einig, und wohl kaum jemand würde ihnen da widersprechen: Jeder Quadratmeter Mitteleuropas ist von uns verändert, bepflanzt, gerodet oder bebaut. Kann man sich bei Ost- und Nordsee oder dem Alpenkamm noch über das Ausmaß der Veränderungen streiten, ist es keine Frage, dass das Land dazwischen extremen Umformungen unterworfen war. Das gilt auch für unsere Schutzgebiete. Sie umfassen meist Flächen, die irgendwann aus der Nutzung genommen wurden. Oftmals weil sich eine Bewirtschaftung ohnehin nicht mehr lohnte, immer jedoch mit dem Ziel, der Natur Raum zur Entfaltung zu geben.

So verhält es sich auch bei unseren großen Waldnationalparks, etwa dem Hainich in Thüringen. Ein aufgelassener Wirtschaftswald, der bis vor fünfundzwanzig Jahren forstlich genutzt wurde und der gerade erst anfängt, eine vom Menschen nicht mehr direkt beeinflusste Entwicklung zu nehmen. Über Jahrhunderte hatten Förster bestimmt, welche Bäume hier wachsen, nicht die Natur. Gleiches gilt für den Nationalpark Bayerischer Wald, der kürzlich sein fünfzigjähriges Bestehen feiern durfte. Ein Alter, in dem Bäume noch nicht einmal »erwachsen« sind. Auch dieser Waldnationalpark emanzipiert sich gerade erst davon, ein Forst zu sein, in dem die formgebenden Prozesse vom Menschen bestimmt waren. Wie im Hainich gilt auch hier, zumindest in der Kernzone: Natürliche Prozesse sollen ungestört ablaufen. »Natur Natur sein lassen«, so lautet das Motto.

Das betrifft auch die großflächigen Windwurfflächen, die etwa Orkan »Kyrill« im Jahr 2007 hinterlassen hat. Tausende entwurzelte oder abgebrochene Fichten blieben einfach liegen. Selbst dort, wo sich der Erzfeind des Försters, der Borkenkäfer, breitmacht, greift der Mensch nicht ein. Sturm und Käfer haben bewirkt, dass große Bereiche im Inneren des Nationalparks offen und sonnendurchflutet sind und sich gleichzeitig totes Holz auftürmt. Flächen, auf denen das Leben explodiert!

Geschwächte Bäume sind Futterberge für holzzernagende Insekten. Im Schutzgebiet tragen sie nicht das Etikett »Schädling«. Eine Kategorie, die es in der Natur nicht gibt. Die schiere Masse der wenige Millimeter langen Buchdrucker, des wichtigsten Vertreters der Borkenkäfer und ihrer Larven, versorgt ein Heer an Raubinsekten, Spechten, Kröten, Waldeidechsen, Fledermäusen und vielen anderen Insektenfressern mit Nahrung. Die kleinen Käfer sind nicht die alleinige Nahrungsquelle, die jetzt üppig sprudelt! Die blühenden Stauden und Kräuter, die sich im nährenden Licht der Sonne wohlfühlen, bieten Nektar und Pollen im Überfluss. Ein paar Jahre lang, nachdem Sturm und Käferbefall gewütet hatten, kann man den lichten Wald getrost als Schlaraffenland bezeichnen. Jede Art, die sich in dem darniederliegenden Forst ansiedelt, zieht weitere nach sich. Doch was hier entsteht, ist eine Artengemeinschaft auf Zeit. Was passiert, wenn unzählige Baumsamen heransegeln und auf der Käfer- oder Windwurffläche landen?

Langfristig hat der vom Menschen gewährte Prozessschutz, also das Unterlassen jeglicher Eingriffe, zur Folge, dass ein stabiler, hierzulande meist von Buchen dominierter Mischwald heranwächst, der weniger anfällig ist für Sturm und Käferbefall als der Wirtschaftsforst, der vorher da war. Klingt zunächst nach gesunder, nach wilder Natur. Allerdings entwickelt sich der neue Wald als dichter Baumbestand, der das Sonnenlicht irgendwann weitgehend abschirmt. Im Waldesinneren leben dann ungleich weniger Arten als in den ersten Jahren, nachdem Sturm und Käfer gewütet haben.

Für viele Jungbäume im Unterwuchs wird es unter diesen Umständen zu dunkel, so auch für die bereits erwähnten jungen Eichen. Sie überleben im Halbdunkel nicht. Andere Bäume wachsen ganz langsam und verharren in einer Art Lauerstellung. Wenn irgendwann einer der Alten zusammenbricht, reißt er eine Lücke in das geschlossene Walddach und raubt dem Nachwuchs nicht länger das für Ernährung und Wachstum notwendige Sonnenlicht. Dann schießen die Jungbäume schlagartig empor und drängen, so schnell es einem Baum möglich ist, in die entstandene Lücke.

So stellte man sich lange den Urwald vor, der einst Mitteleuropa bedeckt haben soll. Grund dafür war die simple Erkenntnis, dass selbst offene und völlig baumfreie Landschaften am Ende alle dieselbe Entwicklung nehmen: Zuerst verwandeln sie sich in Buschland voller Stauden und Sträucher. Pioniergehölze nennen Botaniker jene Bäume, die als Erste auftauchen. Auch sie kommen meist mit dem Wind angeflogen. Weiden und Pappeln haben winzige Samen, die an langen

Haaren befestigt sind. Diese geniale Konstruktion ist federleicht und von der Evolution über Jahrmillionen auf den einen, großen Moment hin optimiert worden. »Fliegende Bäume«, die schon beim leisesten Lüftchen weite Strecken zurücklegen und Flüsse, Berge und andere natürliche Grenzen überwinden.

Ihnen folgen weitere Baumarten, mit schwereren Samen. Manche von ihnen ebenfalls durch die Luft, aber über viel kürzere Strecken. So wie der Ahorn, dessen Samen auch bei einem kräftigen Herbststurm in der Umgebung des Mutterbaumes niedergehen. Oder aber sie keimen in vergessenen Vorratskammern. Rabenvögel, Hörnchen, Mäuse und andere Tiere verstecken im Herbst große Mengen Baumsamen als Wintervorrat und finden viele davon nicht wieder. Plötzlich wachsen fernab vom Mutterbaum aus flugunfähigen Eicheln kleine Eichen. Mit der Zeit entsteht auf der ehemaligen Freifläche ein dichter Mischwald, in dem immer wieder mal ein alter Baum zusammenbricht, dessen Platz dann die Jungen einnehmen, die im Unterwuchs auf ihre Chance gewartet hatten. »Urwald« eben.

Lediglich ganz extreme Standorte mit felsigen, salzigen, nassen oder moorigen Böden bleiben dauerhaft baumfrei. Abseits dieser Gebiete mit speziellen Böden wird alles unweigerlich zu Wald, wenn der Mensch nicht eingreift. Zwar gibt es Naturgewalten wie Waldbrände, Überflutungen oder Erdrutsche, die den Wald vereinzelt und in unregelmäßigen Abständen auflichten. Aber ganz grundsätzlich entsteht da, wo der Mensch sich zurückzieht, Wald. Diese Beobachtung führte zu der Vorstellung, dass Mitteleuropa von Natur aus einmal dicht bewaldet war. Dass wir also Wald mit Wildnis gleichsetzen können. Ein Dogma, das gerade dabei ist, sich in Luft aufzulösen. Allerdings ebenso langsam wie vieles andere im Wald auch.

Der Wald war in Deutschland seit jeher ein Sehnsuchtsort. Wir pilgern in der Freizeit in den nächsten großflächigen Baumbestand, um das Wunder der Schöpfung alias Evolution zu erleben, oder einfach, um in der Ruhe Kraft zu tanken. So war das auch in meiner Familie üblich, als ich ein Kind war. An unzähligen Sonntagen ging es nach dem Mittagessen in einem bayerischen Landgasthof zu einem Wald, der dann auf schnurgeraden Kieswegen durchschritten wurde. Als Bub waren mir derlei Spaziergänge ein Gräuel. Zwar ließen sich am Wegesrand auf halbschattenverträglichen Stauden wie Engelwurz und Wasserdost tolle Schmetterlinge beobachten, die teils kühne Namen tragen wie Admiral, Kaisermantel oder Russischer Bär. Aber die Vielfalt war und ist begrenzt, das fiel mir schon als Kind auf, vor allem wenn man den Waldweg verlässt und sich auf den Weg durch die Holzplantage macht. Wohl schallt im Frühling aus den Baumkronen von Forst und Naturwald Vogelgesang herab, aber unten, auf dem Boden, herrscht Stille. Ein paar Gliedertiere sieht man, wenn man die Augen offen hält: Käfer, Asseln, Pilzmücken, auch die eine oder andere Schnecke … Viel mehr ist auf den ersten Blick nicht zu entdecken. Der Rest der Schattentiere versteckt sich in der Laubstreu oder im Totholz. Und jene Arten, die in den Baumkronen leben, waren ohnehin unerreichbar für mich, damals als tierbegeisterter Junge.

Entlang der Wege und am Waldparkplatz, wo die Sonne auf den gekiesten Boden und die blühenden Waldreben und anderen Sträucher und Stauden scheint, ist mehr los. Da brummen Insekten von Blüte zu Blüte. Singvögel wie Fitis und Rotkehlchen sausen durchs Blätterwerk und stellen ihnen nach. Auf einem querliegenden Baumstamm, der als Begrenzung dient, sonnen sich Waldeidechsen. Und überall sind Schmetterlinge und Käfer zu finden. Eine erstaunliche Vielfalt! Dasselbe erlebte ich als Kind auf dem sonnigen Waldspielplatz oder auf den offenen Bereichen um die Waldgaststätte: Blüten, Insekten, Singvögel, Kriechtiere. Darunter viele Arten, die den Begriff »Wald«

im Namen tragen, wie Waldbrettspiel (ein Tagfalter), Waldeidechse, Waldlaubsänger, Waldameise oder Waldgrille. Interessanterweise alles Arten, die eher auf Lichtungen oder am Waldrand anzutreffen sind, aber kaum im Wald selbst. Vor dem Wald, an Wegrändern oder auf Blumenwiesen sprang mir damals und springt mir noch heute mehr Artenvielfalt ins Auge als im dichten Wald – ohne dass ich das seinerzeit so hätte benennen können.

Warum aber gibt es gerade da eine größere Artenvielfalt, wo der Mensch in die Natur eingreift, wo er holzt, kiest, mäht und baut? Warum sind Vogelgesang und Insektengesumm hier lauter und vielfältiger als im Wald nebenan? Dort, wo Zoologen, Pilzkundler und Botaniker die meisten Besonderheiten und Raritäten entdecken, da, wo die größte Artenvielfalt herrscht, müsste die Natur doch am ehesten in einem intakten, naturnahen und wilden Zustand sein. Wohin müssen wir schauen, wenn wir bei uns in Mitteleuropa nach dem artenreichsten Lebensraum suchen? Was sind bei uns die Hotspots der Biodiversität?

Frage ich Fachleute aus meinem Bekanntenkreis, kommt mir eher selten die Aussage zu Gehör, dass jemand am liebsten das Waldesinnere aufsucht, um möglichst viele Arten zu entdecken. Ganz im Gegenteil – meist sind es Magerwiesen, Parks, Kiesgruben,

Trockenhänge, Streuobstwiesen, Heckenlandschaften und andere offene Lebensräume. Viele davon vom Menschen geschaffen. Und so geht es auch mir selbst. Wenn ich nicht beruflich unterwegs bin, um Filme zu drehen, sondern mit dem Fotoapparat bewaffnet in der Natur auf Motivjagd gehe, dann folge ich gern meiner Nase und pirsche durch besonntes Gelände, weil es hier die meisten Singvögel, Käfer und Reptilien gibt. Zwar laufe ich ausgesprochen gerne durch einen alten Mischwald voller Buchen, Tannen und Eiben oder inspiziere geradezu andächtig einen betagten Bergwald, in dem mächtige Fichten und Ahorne stehen. Spezielle Tiere, Pflanzen und Pilze lassen sich natürlich auch hier entdecken. Doch die meisten und schönsten Funde mache ich seit jeher in Landschaften, in denen die Bäume so weit auseinander stehen, dass nicht nur die Baumkronen, sondern auch der Boden in den Lücken dazwischen vom Sonnenlicht beschienen wird. Ist das vielleicht nur subjektives Erleben, das die natürliche Verteilung der Arten gar nicht richtig widerspiegelt?

Wo die meisten Arten im Land leben, lässt sich nicht so einfach nachschlagen. Die durchaus bedeutende Frage, wo die biologische Vielfalt bei uns im Land ihren Schwerpunkt hat, nicht mal eben googeln. So bat ich meinen Freund und Mitarbeiter Gerwig Lawitzky, einen promovierten Zoologen, mir bei zwei Dingen zu helfen. Zum einen beim Studium der ökologischen Fachliteratur und zum anderen bei der Befragung von Forschern und Forscherinnen, die jeweils anerkannte Kapazitäten für unterschiedliche Organismengruppen sind. Diese Experten an Naturkundemuseen und Universitäten haben wir in einem lebhaften Schriftwechsel nach ihren Einschätzungen gefragt. Ziel war es herauszufinden, wo die heimische Artenvielfalt zu Hause war, bevor der Mensch begann, die Ökosysteme zu verändern. Und zwar nicht auf der Ebene von kleinräumigen Habitaten, sondern auf Landschaftsebene. Was mich daran besonders interessiert, ist nicht der Blick zurück in die Vergangenheit. Spannend erscheint mir, ob wir etwas daraus ableiten können, um wieder mehr funktionierende Wildnis im Land zu schaffen.

Es ging also nicht um präzise Zählungen und exakte Prozentzahlen. Die Befragung der Fachleute und das Durchforsten der Literatur waren bei aller Akribie keine wissenschaftlich reproduzierbare Studie, sondern eine Annäherung an Werte, die eine Orientierung erlauben. Letztlich ging es darum, Hinweise darauf zu finden, ob Wildnis in Mitteleuropa jemals – mehr oder weniger flächendeckend – von Wald bedeckt gewesen sein kann. Das Ergebnis soll uns einen Schritt weiterbringen auf der Suche nach einem Lebensraumsystem, das ökologisch vollständig intakt ist. Etwas, das wir in Form eines Ebenbildes ursprünglicher Natur neu erschaffen können und neu erschaffen müssen. Damit irgendwann vielleicht sogar mehr als zwei Prozent der Fläche bei uns Wildnisgebiete sind, wie in der »Nationalen Strategie zur biologischen Vielfalt« von der Bundesregierung beschlossen. Damit die fortschreitende Zerstörung der Natur, die sich im ungebremsten Rückgang von Arten bis hin zum Aussterben äußert, aufhört. Doch eines nach dem anderen.

Kommen wir zurück zu unserer Befragung der Artenkennerinnen und Artenkenner (und jeder Leser ist eingeladen, hier selbst nach einer Antwort zu suchen): Gerwig und ich baten die Kapazitäten um ein Gedankenspiel, bei dem »der Wald« vereinfacht gesprochen mit seinem Gegenteil, »dem Offenland«, verglichen wird. Auf der einen Seite also großflächiger Baumbestand, wie wir ihn aus Forsten oder Nationalparks kennen. So unterschiedlich Nutzwald und Naturwald vom Konzept her sind, haben beide doch gemeinsam, dass die Bäume in der Regel eine ziemlich homogene Vegetationsdecke bilden und es zu ihren Füßen eher kühl und schattig ist. Wir fassen deswegen hier alles, was geschlossener Baumbestand ist, zusammen. Aber ohne den Waldrand, ohne Forststraßen, ohne Kahlschläge, Waldwiesen und sonstige künstliche Auflichtungen, die das Bild verwässern. In unserem Gedankenspiel nennen wir das dann kurz »Wald«.

Auf der anderen Seite betrachten wir das »Offenland«, das natürlich schwieriger zu definieren ist, weil es heute scheinbar nur in Form von künstlich geschaffenen Freiflächen existiert. Wir statten diese Landschaft in unserem Gedankenspiel mit Wiesen, kleinen Äckern, Feldwegen und mit Viehweiden samt Weidetieren aus. Vor allem mit Hausrindern und -pferden (große Weidetiere gibt es heute ja nur noch in Form ihrer Abkömmlinge, unserer Haustiere). Hinzu kommen Wildtiere wie Hirsch, Reh und Wildschwein. Eine derart abwechslungsreiche, offene Landschaft mit Gebüschriegeln, Einzelbäumen und kleinen Baumgruppen kennen wir heute in zweierlei ganz unterschiedlichen Ausprägungen.

Da wäre zum einen die kleinräumige Kulturlandschaft, in der seit Jahrhunderten das Land ohne Motorkraft, Gift und Kunstdünger mühevoll bewirtschaftet wird. In nennenswertem Maßstab gibt es ein solch vielfältiges Offenland bei uns freilich nicht mehr. Vereinzelt noch in besonders strukturschwachen Gegenden oder bis zu einem gewissen Grad bewahrt in

Biosphärenreservaten wie der Rhön im Dreiländereck Bayern, Hessen und Thüringen. Ansonsten haben Flurbereinigung, Intensivierung und Industrialisierung der Landwirtschaft die artenreichen Kulturlandschaften in eine lebensfeindliche Agrarsteppe verwandelt.

Dann wäre da noch der Lebensraum Truppenübungsplatz. Trotz der negativen Konnotation durch Panzer und Granaten sind solche »Kriegsspielplätze« immer auch Naturparadiese. Und keinesfalls nur deswegen, weil sie die meiste Zeit über menschenleer sind. Sondern genau weil dort immer wieder Menschen in Tarnkleidung auftauchen und mit Explosionen und Kettenfahrzeugen massiv auf die Pflanzendecke und den Boden einwirken und so das Aufwachsen von schattenwerfenden Gehölzen verhindern.

Die gestalterischen Prozesse, sowohl in der alten Kulturlandschaft als auch auf dem Truppenübungsplatz, sind durch und durch vom Menschen gemacht. Aber das Resultat ist – salopp gesagt – ein enormer Artenreichtum. Warum das so ist, werden wir später sehen. Das wichtigste Merkmal des Offenlandes ist jedenfalls der geringe Grad der Beschattung, sprich: Der Baumbestand ist nicht flächendeckend, sondern, ganz im Gegenteil, er ist lückenhaft oder fehlt ganz.

Vergleichen wir nun diese beiden mit Absicht vereinfachten Lebensräume: »Wald« und »Offenland«. Stellen wir uns beide als große Flächen vor ohne ihre Ränder. Auf der einen Seite ein Ozean aus Bäumen, den wir sich selbst überlassen. Auf der anderen eine schier endlose Parklandschaft, in der Bäume und Büsche nur vereinzelt oder in Grüppchen stehen. Betrachten wir nun einige ausgewählte Organismcngruppen, um uns den jeweiligen, potenziellen Artenreichtum der beiden (wohlgemerkt idealisierten) Lebensräume vor Augen zu führen.

In Deutschland wachsen etwas mehr als viertausend höhere Pflanzenarten wie Bäume, Wiesenblumen oder Farne. Einer der großen deutschen Botaniker, Heinz Ellenberg, und seine Schüler und Nachfolger haben alle Pflanzenarten nach ihren Lebensraumansprüchen klassifiziert. Und dabei kam heraus, dass nur zweihundertfünfzig von den viertausend den geschlossenen Wald bewohnen. Das bedeutet, dass nur eine kleine Minderheit der heimischen Gewächse echte Waldarten sind. Alle anderen Pflanzen, die man im Wald antreffen kann, leben entweder am Waldrand oder auf Lichtungen. Also jenen Teillebensräumen, die wir bei unserem Gedankenspiel bewusst ausgeklammert haben, weil sie das Bild verwässern. Diese Arten wachsen auch weitab des Waldes. Wichtig ist an dieser Stelle festzuhalten, dass die Mehrheit der heimischen Pflanzen – grob zweieinhalbtausend Arten – ausschließlich im Offenland wächst und niemals im Wald. Wie kann das sein, wenn Mitteleuropa von Natur aus nach hergebrachter Vorstellung fast vollständig bewaldet wäre?

Bei den Moosen ist das Verhältnis zwischen den Arten des Waldes und jenen des Offenlandes nicht anders. Moose sind kleine, urtümliche Gewächse, denen das Stützgewebe der höheren Pflanzen fehlt. Diese Zwerge in der Vegetation haben sich vor einer halben Milliarde Jahre aus bestimmten Algen entwickelt. Und obwohl sie um einige Millionen Jahre älter sind als alle höheren Pflanzen, die aufgrund ihrer Struktur auch Gefäßpflanzen genannt werden, sind sie nach wie vor erfolgreich auf dem Planeten. Die meist kleinen Moose, die sich vielfach durch einen besonders symmetrischen Wuchs auszeichnen, würden wohl viele von uns als feuchtigkeitsliebende Waldgewächse einordnen. Mitnichten! Von den weit mehr als tausend heimischen Moosarten sind gerade einmal zweihundert im Wald zu finden. Auch bei den Moosen wächst die überwiegende Zahl der Arten auch oder sogar ausschließlich an den unterschiedlichsten Orten im Offenland.

Gleiches gilt für die knapp zweitausend heimischen

Arten von Flechten, diesen seltsamen Mischwesen aus einem Pilz und einer Alge oder Blaugrünbakterium. Eine Lebensgemeinschaft, die stets irgendwo auf einer Oberfläche aufsitzt und dort wächst. Flechten schlagen keine Wurzeln ins Erdreich, sondern sind auf den Wassergehalt in der Luft angewiesen. Dennoch wächst nicht einmal ein Sechstel von ihnen im feuchten Wald. Die überwältigende Mehrheit gedeiht dank spezieller Anpassungen im prallen Sonnenlicht. So können Flechten fast völlig austrocknen, in eine Art Schlaf fallen und dabei den Großteil ihres Gewichtes verlieren. Sobald sie wieder Feuchtigkeit aus der Luft aufgenommen haben, beginnt ihr Stoffwechsel von Neuem.

»Aber die Pilze ...!«, mag sich nun der eine oder die andere selbst ausrufen hören. Sind nicht wenigstens die bunten Schwämme mehrheitlich Geschöpfe des Waldes? Wieder Fehlanzeige. Sechstausendzweihundert heimische Großpilze, genauer gesagt deren Fruchtkörper, schieben sich hierzulande aus dem Boden. Jene klassischen Vertreter der Pilze, die in ihrem grundsätzlichen Bauplan so aussehen wie Fliegenpilz, Pfifferling oder Champignon. Nicht einmal die Hälfte der heimischen Großpilze lebt im Wald, wie wir ihn kennen. Auch die vielleicht prächtigsten heimischen Pilze, die Saftlinge, wachsen auf Wiesen und Weiden, aber kaum unter Bäumen. Und so mancher vermeintliche Spezialist für dichtes Unterholz nimmt es mit der Menge der Bäume nicht so genau. Der Steinpilz etwa ist auf lichtdurchfluteten, blühenden Angern, auf denen einzelne Bäume stehen, genauso zu finden wie im finsteren Forst, wo viele ihn vermuten würden. Wie viele Pilze bildet er eine lebenslängliche Wurzelpartnerschaft mit Bäumen. Ob es aber viele oder wenige Eichen oder Kiefern sind, ob sie einen dichten Wald bilden oder eher ein Ensemble an Einzelbäumen, die das Offenland schmücken, ist dabei zweitrangig. Beobachten lässt sich das zum Beispiel in der Döberitzer Heide bei Berlin, wo Przewalskipferde und Wisente in einer halboffenen Landschaft weiden, in der Steinpilze genauso aus dem Boden schießen wie Fliegen- oder Parasolpilze.

Werfen wir einen Blick auf die Tierwelt. Hier sieht es in unserem Gedankenspiel laut Auskunft der befragten Artenkennerinnen und -kenner nicht anders aus als bei den Pflanzen und Pilzen. Deren Einschätzung zufolge kann nur etwa ein Sechstel unserer gut hundert heimischen Säugetierarten im Waldesinneren leben. Bei den rund zweihundertsechzig heimischen Brutvögeln sind die Verhältnisse noch extremer: Nicht viel mehr als ein Zehntel der heimischen Vogelarten kann im Wald existieren und sich vermehren. Beide, Vögel und Säugetiere, sind sehr beweglich, haben große Reviere oder wandern weite Strecken. So kommen die langen Listen jener Arten zusammen, die man im Wald antreffen kann. Die Wildkatze, die allgemein als Bewohner alter, naturnaher Wälder gilt, hat mitunter ein Revier, das mehr als zehn Quadratkilometer groß ist. Bereiche mit dichtem Wald nutzt sie besonders als Rückzugsgebiet oder für die Jungenaufzucht. Keine Wildkatze bewohnt dabei ein vollständig bewaldetes Revier, auch wenn sich die Verbreitung des scheuen Wildtiers bei uns heute auf Waldgegenden konzentriert. Sie braucht Lichtungen und Waldränder, kurz: ein Lebensraummosaik, in dem sie Verstecke und Höhlen und ausreichend Nahrung findet. Wie viele andere Organismen auch kann die Wildkatze durchaus im Offenland, ganz ohne dichten Wald existieren. Aber nicht im dichten Wald ohne jegliches Offenland.

Von dem guten Dutzend heimischer Reptilienarten kommt gar keine im Wald zurecht, es sei denn, er weist dauerhaft und großflächig Lichtungen auf, etwa an Berghängen oder auf kargen Böden. Unsere Schlangen und Eidechsen und auch die Blindschleiche fühlen sich in der Sonne wohl. Buschwerk, Bäume und Totholz machen den Lebensraum für die Schuppenkriechtiere wohnlich, dürfen aber nicht überhandnehmen, sonst fehlt ihnen das Licht und die Wärme, sprich: die Energie zum Leben. Die Waldeidechse ist nicht im Wald an sich, sondern am Waldrand zu finden. Vor gut dreißig Jahren wurden per Gesetz die bis dahin in der Waldbewirtschaftung üblichen Kahlschläge verboten. Davor besiedelte die kleine Echse nach dem großflächigen Entfernen der Bäume in großer Zahl das zurückgebliebene Totholz, besonders die Baumstümpfe. Perfekte Sonnenplätze, die zugleich hinter abgeplatzter Borke den Winzlingen Schutz boten. Ein idealer Lebensraum, allerdings auf Zeit. In dem Maße, wie der neu gepflanzte Wald heranwuchs, verschwanden die Eidechsen wieder aus der Fläche und siedelten sich woanders an.

Von unseren fast zwei Dutzend Lurchen, also den Unken, Fröschen, Kröten, Salamandern und Molchen, ist immerhin ein Viertel im Wald zu finden. Allerdings sind auch diese Arten keineswegs auf den Wald angewiesen, sie kommen im Offenland genauso gut zurecht, wenn nicht viel besser. Die Gelbbauchunke zum Beispiel, die sich im Forst gerne in den regenwassergespeisten Wagenspuren der »Harvester« vermehrt. Diese Kleinstgewässer bleiben in den Rückegassen zurück, in denen die Erntemaschinen ihre Arbeit leisten, und da erreicht ja zumindest mittags die Sonne den Boden und kann das Wasser ein klein wenig aufwärmen. Nicht weniger wohl fühlt sich die Gelbbauchunke außerhalb des Waldes, wo Kleinstgewässer immer wieder neu entstehen und zwischendurch austrocknen. Die Unke gehört zu den urtümlichsten Amphibien der Welt, war stammesgeschichtlich schon da, als es die ebenfalls teilweise urtümlichen Lurche Australiens noch gar nicht gab. Was ihr prähistorisches Habitat war, also ihr ursprünglicher Wohnort im Lebensraum, als die ganze Welt Wildnis war, werden wir später ergründen.

Dass nur jede siebte heimische Schneckenart auf den Wald als Biotop angewiesen ist, dürfte überraschen. Noch erstaunlicher sind die Zahlen für die Spinnen, die man ja gerne mit feuchten und dunklen Ecken in Verbindung bringt. Von den eintausend Spezies, die in Deutschland leben, sind nicht einmal magere zehn Arten ausschließlich im Waldesinneren zu finden. Die Hälfte der verschiedenen heimischen Spinnen lebt dagegen ausschließlich im Offenland. Die restlichen nehmen es nicht so genau, was den Lebensraum angeht, solange sie ihre spezifischen Ansprüche erfüllen können, sozusagen ihre ökologische Nische vorfinden. Würde man also das gesamte Land mit Bäumen bepflanzen, stürben reihenweise Spinnenarten aus. Rodete man alle Wälder Deutschlands und schüfe ein reich strukturiertes Offenland, wären jene

Arten, die daraufhin bei uns aussterben würden, an zwei Händen abzuzählen. Wie gut, dass es sich hier nur um ein Gedankenspiel handelt!

Schauen wir auch noch auf die Sechsfüßer unter den Gliedertieren: Vierhundert Arten von Springschwänzen spielen als winzige Humusbildner eine wichtige Rolle beim Ab- und Aufbau im Boden. Wer einen Blick auf seinen Komposthaufen wirft, der kann ein Heer von weißen Winzlingen entdecken, die bei Störung etwa durch neu ankommende Küchenabfälle anfangen wie wild herumzuhüpfen. Bei ihnen ist das Verhältnis von Wald- zu Offenlandarten etwas ausgeglichener. Aber auch bei diesen meist winzigen Sechsbeinern gilt: Im Offenland leben viel mehr Springschwanzarten als im Wald. Nämlich zehnmal so viele.

Den Rekord in puncto Artenzahl in unserer Tierwelt halten die Dipteren oder »Zweiflügler«, also Fliegen und Mücken. Die allerwenigsten werden uns lästig oder stechen gar. Der größte Teil der Fliegenarten erfüllt dagegen ebenso unentbehrliche wie unbezahlbare Aufgaben, etwa bei der Beseitigung natürlicher Abfälle. Von diesen Zweiflüglern gibt es allein in Deutschland sage und schreibe zehntausend verschiedene Arten! Doch nicht einmal dreihundert davon sind Bewohner geschlossener Wälder. Dürftige drei Prozent.

Ganz ähnlich die Käfer: Nicht einmal ein Siebtel

unserer siebentausend Arten sind im Waldesinneren zu finden, einschließlich der gut hundert häufig beschworenen »Urwaldreliktarten«. Das sind jene Käfer, die meist selten sind, weil sie alte Baumbestände mit viel Totholz bewohnen. Und viele von ihnen können nur dann überleben, wenn sehr viel Totholz vorhanden ist. Der Jagdkäfer *Peltis grossa* galt mehr als hundert Jahre lang als in Deutschland ausgestorben. Nachdem Stürme die von Klimaerwärmung und Borkenkäfern angegriffenen Fichtenbestände im Nationalpark Bayerischer Wald flachgelegt hatten, tauchte der Käfer wieder auf. Noch nie gab es so viele tote Bäume auf der Fläche des Nationalparks und noch nie so viele Fichtenporlinge, also Baumpilze, von denen der Jagdkäfer gerne nascht. Und auf einmal ist der Käfer wieder in großer Zahl da. Urwaldreliktarten machen gerade einmal ein Fünfzigstel der heimischen Käferfauna aus. Sind dann im Umkehrschluss die vielen anderen vom Aussterben bedrohten Käfer »Offenlandreliktarten«? Viele heimische Käfer könnte man wohl getrost so titulieren.

Ziehen wir ein Fazit: Welche Organismengruppe man auch immer betrachtet, die Mehrheit der Arten braucht Licht und Wärme und deswegen mehr oder weniger offenes Land. Viele benötigen zumindest die

Möglichkeit, zwischen Wald und Offenland zu wechseln. Die allerwenigsten Arten finden ein Auskommen in einem gänzlich mit Bäumen bewachsenen Gebiet. Aber fast alle können in einem strukturreichen Offenland existieren. Die oben genannten Artenzahlen sind sicher diskutabel, entspringen oft persönlichen Einschätzungen, wenn auch jenen von ausgemachten Expertinnen und Spezialisten. Und ob es nun ein Zehntel der heimischen Arten ist, das den dichten Wald zum Leben braucht, oder ein Fünftel oder ein Zwanzigstel – es geht um eine Minderheit.

Keine einzige Sippe von Lebensformen ist überwiegend im geschlossenen Wald zu Hause. Wäre Deutschland also von Natur aus dicht mit Buchenwald und anderen Wäldern bedeckt, so wie man es nach wie vor hören und lesen kann, dann müsste der größte Teil der heimischen Vögel, Säugetiere, Käfer, Spinnen und Schnecken im Schatten der Baumarmee leben können. Dann sollte mehr als die Hälfte der Moose oder der höheren Pflanzen bevorzugt im Wald gedeihen.

Die mit der Annahme der ursprünglich vorherrschenden Bewaldung einhergehende Vorstellung, dass das Gros der heimischen Tiere, Pflanzen und Pilze folglich hier erst eingewandert ist, nachdem der Mensch den Wald gerodet und das Offenland geschaffen hat, ist längst nicht mehr haltbar. Immer mehr dieser Offenlandarten werden in Sedimenten gefunden, die aus längst vergangenen Zeiten stammen.

Bleibt noch die Idee, dass ein vollkommen naturbelassener Wald eben von Natur aus mit Lichtungen ausgestattet wäre. Unzweifelhaft hinterlassen Stürme, Erdrutsche, Hochwasser oder Feuer waldfreie Bereiche. Und jeder alte Baum, der eines natürlichen Todes stirbt und irgendwann zusammenbricht, hinterlässt eine kleine Lichtung. Was auf diesen von abiotischen, das heißt nicht lebendigen Faktoren geschaffenen Lichtungen geschieht, ist von Forstwissenschaftlerinnen und Forstwirtschaftlern gründlich untersucht worden. Es gibt viele Arbeiten, die beschreiben, wie sie nach kleineren oder größeren Katastrophen im Wald besiedelt werden und welche Rolle sie im Ökosystem Wald spielen. Allerdings passieren diese Ereignisse, die den Wald öffnen, nur sporadisch und regional begrenzt, sodass nur die besonders beweglichen Arten darauf reagieren können und ein Nomadenleben im Wald führen, das dem Licht folgt. Kann es also sein, dass wir zu lange die Rechnung ohne den Wirt gemacht haben? Dass es einen Faktor gibt, der stets und überall dafür sorgt, dass Licht im Wald auch auf den Boden gelangt? Ein Faktor, der unter natürlichen, »wilden« Verhältnissen dafür sorgt, dass nicht zehn Prozent der heimischen Organismen im Wald existieren können, sondern alle Arten?

Für das Verständnis von Wildnis ist es wichtig, den Begriff »Wald« kritisch zu hinterfragen, der ja für jede größere Baumansammlung verwendet wird. Mal ist damit eine Produktionsfläche für Holz gemeint, dann wieder der Lebensraum an sich. Das ist gerade so, als würde man sowohl eine Blumenwiese als auch ein Weizenfeld als »Wiese« bezeichnen, nur weil beide Landschaften von Gräsern dominiert werden. Blumenwiese und Weizenfeld sind dabei ganz klar vom Menschen erschaffene Lebensräume. Wo wuchsen die Wiesenblumen, die wir heute in den selten gewordenen Mähwiesen bewundern, bevor der Mensch begann Heu zu machen?

Waren Offenland und Wald vor langer Zeit vielleicht gar nicht voneinander zu trennen? Vieles spricht dafür. Das unserem romantischen Bild vom mitteleuropäischen Urwald entsprechende Durcheinander aus lebendigen und toten Bäumen ist ein wundervolles Biotop, ein Habitat für Arten, die es kühl und schattig mögen. So wie der Jagdkäfer und die anderen Urwaldreliktkäfer im Nationalpark Bayerischer Wald. Ein Lebensraum für Spezialisten. Schützenswert, sehenswert, filmenswert. Aber keinesfalls geeignet, um auf Landschaftsebene der Hafen für die heimische Biodiversität zu sein. Das nährt den Verdacht, dass Wildnis ursprünglich anders ausgesehen haben muss, bevor der Mensch begann, jeden Winkel umzukrempeln und jeden dritten Quadratmeter mit Wald zu bepflanzen. Nur so ist etwa zu erklären, dass über die Hälfte der heimischen Brutvögel im Bestand bedroht ist, obwohl auf einem stattlichen Drittel der Landesfläche Wald steht. Offenbar bietet der Wald all diesen Arten keinen ausreichenden Lebensraum.

Seit einigen Jahren nun verbreitet sich unter Ökologen und Naturschützerinnen eine Erkenntnis, die ihren Anfang in einem Artikel nahm, der am 6. Mai 2005 in dem amerikanischen Wissenschaftsjournal *Science* erschien: Der Aufsatz von Sergey A. Zimov trug den Titel »Pleistocene Park: Return of the Mammoth's Ecosystem«. Die erstaunte Leserschaft des Blattes, das zu den renommiertesten naturwissenschaftlichen Zeitschriften weltweit zählt, erfuhr darin womöglich Zukunftsweisendes. Zimov legte dar, dass Sibirien ursprünglich von einem arktischen Grasland bedeckt war, das von Abermillionen großen Weidetieren genutzt und dadurch am Leben gehalten wurde. Und er berichtete weiter von einer einmaligen Feldstudie, die bis heute läuft. Sie simuliert das Vergangene und schafft zugleich einen Ausblick in eine ökologisch verträglichere Zukunft. Der Clou seines »Pleistozän-Parks«: Zimov versprach mit seinem Experiment, nicht nur die Artenvielfalt zu erhöhen, indem Teile Sibiriens mit kälteverträglichen Huftieren beweidet werden. Er wollte nicht weniger, als das Klima retten.

In den vergangenen Kalt- und Warmphasen des Pleistozäns, des jüngsten Erdzeitalters, das vor rund zwölftausend Jahren endete, sorgten demnach Herden von grasenden und trampelnden Großtieren dafür, dass in Sibirien vor allem arktische Gräser und Kräuter gediehen. Die Megaherbivoren, das heißt die großen Pflanzenfresser, hielten Bäume und Sträucher in Schach und fraßen die Streuauflage auf dem Boden, sodass selbst kleine Savannenpflänzchen genug Licht bekamen. Ihr Dung machte den Boden fruchtbar und war zudem Nahrung für viele Insekten. Die Pflanzenfresser transportierten Samen in ihrem Fell und öffneten mit ihren Hufen den Boden, wo die Samen keimen konnten.

Als diese Megafauna vor etwa zehntausend Jahren verschwand, veränderte sich auf einmal die Zusammensetzung der Vegetation. Die Gräser wichen Moosen, Zwergsträuchern und kleinen Bäumen, die daraufhin flächendeckend die Oberhand gewannen. Bis dahin hatten die Pflanzenfresser die borealen, das heißt in der nördlichen Klimazone wachsenden Gehölze schlichtweg gefressen und so weitgehend aus der Fläche ferngehalten. Gräser und Kräuter, die ja ebenfalls abgeknabbert werden, reagieren anders als Sträucher und Bäume. Immer wenn ein Tier sie in Abständen abfrisst, bilden sie umgehend Wurzelmasse und treiben neu aus. Sie sind daran angepasst, brauchen das Abgefressenwerden geradezu. Denken wir nur an den Rasen im Garten, der umso üppiger sprießt, je mehr wir ihn pflegen. Zumal wenn wir düngen, so wie es auch in der Mammutsteppe dank des Großtierdungs geschah. Wenn wir im Garten aufhören zu mähen und die Fläche auflassen, wachsen im Nu Stauden und Sträucher, und die Gräser und Kräuter verschwinden.

Die sibirischen Großtier-Pflanzenfresser »mähten« die Graslandschaften also nicht nur, sie versorgten sie auch mehr oder weniger flächendeckend mit ihren Hinterlassenschaften. Und die waren keineswegs nur Nahrung für die Pflanzen, sondern befeuerten die gesamte Lebensgemeinschaft. Die Bedeutung des Pflanzenfresserdungs ist nicht zu unterschätzen, ganz gleich ob im tropischen Hochland der Serengeti, bei uns in Mitteleuropa oder seinerzeit in Sibirien. Er ist ein ständig verfügbares Buffet für Insekten und Insektenfresser, ein Keimort für Pilze und Pflanzen und eine Sonnenbank und Warte, etwa für Eidechsen oder Raubfliegen. Der Großtierkot ist Treibstoff für die Tierwelt des Graslandes. Wo viel Dung vorhanden ist, gibt es viele Insekten. Eine nie versiegende Nahrungsquelle für Vögel, Reptilien und Fledermäuse. Das Aussterben von Arten wie Schwarzstirnwürger (ein Singvogel) oder Große Hufeisennase (eine Fledermaus) hierzulande fällt genau mit dem Verschwinden der dungproduzierenden Weidetiere aus der Landschaft zusammen. Schließlich sind diese beiden Arten – so wie viele andere auch – ausgesprochene Großkäferfresser, die ohne das ständige Angebot an Dungkäfern kaum über die Runden kommen.

Dass die kotliebenden Sechsbeiner ihre Brutstollen bis zu einem Meter tief in den Boden graben, begünstigt außerdem die Einlagerung von Kohlenstoff in den Boden. Was das zu bedeuten hat, werden wir uns später auch noch genauer ansehen.

Für die Existenz von Großtieren und Großtierdung fand Zimov buchstäblich Tausende von Belegen. Der schmelzende Permafrostboden gibt Jahr für Jahr unzählbare Knochen und Zähne frei, anhand derer die Wissenschaftler und Wissenschaftlerinnen bestimmen können, welche und wie viele Exemplare der unterschiedlichen Pflanzenfresser einmal über die Wildnis Sibiriens gezogen sind. Sie kamen auf durchschnittlich ein Mammut, fünf Steppenbisons, sieben Pferde und fünfzehn Rentiere pro Quadratkilometer. Und das sind noch nicht alle Arten von Pflanzenfressern, die einmal diese Landschaft bevölkerten! Multipliziert man die Anzahl der Megaherbivoren pro Quadratkilometer mit der Fläche Sibiriens, die mehr als zehn Millionen Quadratkilometer beträgt, erhält man eine schier astronomisch hohe Zahl an großen Weidetieren, die hier einmal Platz gehabt haben.

Ganz gleich wie genau diese Rekonstruktionen sind, ob sie vergangene Realitäten und lokale Besonderheiten über- oder untertreiben: Im Norden Eurasiens existierte eine reiche Fauna kolossaler Säugetiere, von denen nicht nur Raubtiere und Aasfresser profitierten, sondern alle Arten des arktischen Ökosystems: von dungbesiedelnden Pilzen über lichthungrige Kräuter bis zu Insekten, Vögeln und kleinen Säugetieren. Eine hochproduktive Weidelandschaft mit einem engen Kreislauf: wachsen – abgefressen werden – gedüngt werden – wachsen. Ein Kreislauf, den es nicht mehr gibt, was zur Verarmung der nordischen Natur geführt hat, in der heute mehr als jemals zuvor Gehölze dominieren.

Zimov begann 1988 damit, ein Gebiet von mittlerweile zwanzig Quadratkilometern mit kälteverträglichen Großtieren zu beweiden. Dabei war ihm nicht so wichtig, woher die Tiere stammen; er sieht sie als funktionelle Schöpfer einer wiederauferstehenden arktischen Wildnis. Die ursprüngliche Fauna ist schließlich längst verloren, besonders die ganz großen Sippenmitglieder, namentlich Mammut, Wollnashorn und Steppenbison. So grasen heute auf der Versuchsfläche des Forschers sibirische Hauspferde, amerikanische Bisons, europäische Elche, kanadische Moschusochsen, asiatische Yaks, chinesische Kalmücken-Rinder und mongolische Trampeltiere. Außerdem Rentiere und andere im Vergleich kleine Arten.

Der Erfolg gibt Zimov heute recht. Die Landschaft ist viel wilder, artenreicher geworden. Es gibt mehr Blütenpflanzen, mehr Insekten und mehr Vogelarten als zuvor. Aber nicht nur das: Die Großtiere schützen das Klima. Im Nordosten Russlands fällt im Winter reichlich Schnee. Während die Temperatur im Permafrostboden unter der schützenden Schneeschicht nur minus zehn Grad Celsius beträgt, ist die Luft darüber unter Umständen dreißig Grad kälter. Wo Großtierherden den Schnee zertrampeln und diesen bei der Suche nach Zweigen und abgetrockneten Halmen als Winternahrung umwälzen, kann die Kälte in die Tiefe dringen, weil die dämmende Schneeschicht durchbrochen wird. So bremsen im Endeffekt die Pflanzenfresser das klimaschädliche Abtauen des Bodeneises als Folge des menschengemachten Temperaturanstiegs auf der Erde.

Der Weiderasen der »Mammutsteppe« erzeugt ein kühleres Bodenklima als die Vegetation aus Moosen,

Stauden und Sträuchern, die sich ohne den Einfluss der großen Weidetiere einstellt. In den gefrorenen Böden unterhalb der Vegetation, von Sibirien bis Alaska, sind den Experten zufolge schätzungsweise eintausenddreihundert Milliarden Tonnen Kohlenstoff gespeichert. Je mehr der Permafrost aus der Erde weicht, desto mehr Kohlenstoff gelangt in Form von Methangas in die Atmosphäre und verstärkt die Erderwärmung. Deswegen kommt dem Schutz der arktischen Böden eine besondere Bedeutung zu. Und damit einer großflächigen, ökologischen Wiederinstandsetzung der arktischen Natur durch Beweidung. Nebenbei ließen sich all die landschaftspflegenden und klimafreundlichen Großtiere der Mammutsteppe 2.0 zur Fleischerzeugung nutzen. Mehr »Bio« geht nicht. Und mehr »Tierwohl« auch nicht.

Kehren wir wieder zurück nach Mitteleuropa und sehen uns wachen Blickes und offenen Geistes um. Waren und wären die Verhältnisse hier ganz anders? Die Knochen von Elefanten, Nashörnern, Rindern und Pferden findet man auch bei uns. Tatsächlich gab es diese Großtier-Gemeinschaften aus kolossalen, oft mit allerhand Körperauswüchsen bewaffneten Pflanzenfressern überall auf der Welt. Als mehr oder weniger vollständiges »Arten-Set« finden wir sie nur noch vereinzelt im südlichen Afrika, wo die großen Säugetiere bis heute ihren eigenen Lebensraum gestalten.

Das Wechselspiel zwischen Megafauna und Landschaft funktioniert also bei arktischer Kälte und tropischer Hitze gleichermaßen. Warum dann nicht auch in Mitteleuropa, wo die Bedingungen für Megaherbivoren in vielerlei Hinsicht angenehmer sind? Wo weder lange harte Winter noch ausgeprägte Dürrezeiten vorkommen. Wo milde Temperaturen, gute Böden und ausreichend Niederschläge üppiges Pflanzenwachstum ermöglichen und Vegetariern auf diese Weise ein Schlaraffenland bescheren.

Alles spricht dafür, dass die verschwundene Großtierfauna hier ebenso allgegenwärtig war, wie es Zimovs Berechnungen für das arktische Grasland nahelegen und wie wir sie in den Savannen des afrikanischen Kontinents noch beobachten können. Zwar fehlt in Mitteleuropa der Permafrostboden, der alles Organische, das einst vom Eis eingeschlossen worden ist, wie ein Archiv bis heute bewahrt hätte. Aber es gibt auch hier Fenster in die Vergangenheit, in die Zeit vor mehr als zehntausend Jahren, als der Mensch die Umwelt in Mitteleuropa zwar längst beeinflusste, aber noch lange nicht gänzlich überformt hatte. Flusssedimente, Moore und Meeresböden etwa geben immer wieder Knochen frei, die meist eindeutig verraten, von welchen Arten sie stammen. Es ist seit Längerem bekannt, welche großen Pflanzenfresser einst hierzulande lebten, vom Rüsseltier bis zum Pferd. Oftmals sogar in jeweils mehreren Ausführungen. So teilten sich über lange Zeiträume gleich zwei unterschiedliche Nashornarten den Lebensraum nördlich der Alpen oder mehrere verschiedene Pferde.

Grundsätzlich gab es bei uns zwei unterschiedliche Artengarnituren, je nach vorherrschendem Klima. Sie glichen sich in ihrer funktionellen Zusammensetzung und beherbergten jeweils Blätter- und Grasfresser sowie Gemischtköstler. Da gab es einmal den Satz großer Pflanzenfresser, die in ein dickes Fell gehüllt waren und die während der Kaltzeiten das Land bewohnten. Und da war eine noch etwas artenreichere Gemeinschaft an Megaherbivoren, die ein wärmeres Klima bevorzugte. Sie breitete sich immer in den Zwischenwarmzeiten in Mitteleuropa aus, wenn Bedingungen herrschten, wie wir sie heute haben. Kühlte das Klima ab, zogen sich diese Arten in wärmere Regionen zurück und machten jenen Platz, die an kaltes Eiszeitklima angepasst waren.

Zum Verständnis der vergangenen Faunenwechsel, wie der massive Austausch von ganzen Artengemeinschaften innerhalb eines relativ kurzen Zeitraumes auch genannt wird, ist es wichtig zu wissen, dass wir heute erdgeschichtlich gesehen in einem Eiszeitalter leben, wenn auch in einer Warmphase. Mehrere solcher meist zehn- bis fünfzehntausend Jahre währenden warmen Klimaperioden liegen hinter uns, auf die jeweils etwa zehnmal so lange Kältephasen folgten. Kein Mensch kann also vorhersagen, wie sich das Klima in der fernen Zukunft entwickeln wird. Naht eine weitere Kälteperiode von hunderttausend Jahren oder mehr? Oder endet das Eiszeitalter als solches, und es bricht ein noch viel wärmerer Abschnitt mit tropischen Temperaturen in unseren Breiten an, so wie sie die längste Zeit auf der Erde vorherrschten? Zudem tun wir Menschen ja derzeit »unser Bestes«, damit sich das Klima aufheizt und die Zukunft unsicher wird.

Blicken wir also zurück, erkennen wir, dass sich seit zweieinhalb Millionen Jahren, im Verlauf der »Pleistozän« genannten Eiszeit, kürzere Warm- und längere Kaltphasen abwechseln. Unabhängig davon gab es hierzulande immer große Tiere. Mit der Kälte kamen Arten aus dem Norden zu uns, deren Überreste der sibirische Permafrostboden bis heute freigibt. Wenn es dann für plus/minus fünfzehntausend Jahre wärmer wurde, so, wie wir es im Moment erleben, wanderten die wärmeliebenden Arten aus dem Süden erneut ein, und die kälteverträglichen zogen sich in Richtung Norden zurück. Nur wenige Arten wie Riesenhirsch und Rothirsch fühlten sich immer bei uns wohl, egal ob gerade Kalt- oder Warmzeit war. Von diesen abgesehen fand mit jedem Klimawechsel ein allmählicher Artentausch statt. Interessant ist, dass sowohl die heimische Kaltzeitfauna als auch die Tierwelt der Warmzeiten aus Elefanten, Nashörnern, Geweihträgern, Rindern und Pferden bestand. Es waren wohl schlicht erfolgreiche Baupläne, Säugetiertypen, die in unsere Landschaft passen und zu ihr gehören, wie gesagt unabhängig vom Klima.

Ähnlich verschiedenartige Garnituren an Großtieren lassen sich auch für Asien und Amerika nachweisen. In Australien waren es zwanzig zum Teil tonnenschwere Riesenbeuteltiere, die die Vegetation kurzhielten; in Südamerika andere urtümliche Säuger, von denen es meist gar keine lebenden Verwandten mehr gibt. Wie überall auf der Welt außer in Afrika verschwanden die Großtiere ganz oder weitgehend innerhalb weniger Jahrhunderte, nachdem der Mensch eingewandert war und sich ausgebreitet hatte.

Wie eingangs erwähnt: Wenn wir wissen wollen, was Wildnis ist, und wenn wir mehr wilde Natur schaffen wollen, dann müssen wir uns fragen, wie unsere Natur ursprünglich einmal aussah und welche Arten hier lebten. Aus den Antworten können wir dann

Schlüsse ziehen, um wirkungsvoll den Rückgang der Biodiversität zu stoppen. Und weil wir hoffen, dass das Holozän, die gegenwärtige Warmphase, noch ein paar Jahrtausende andauert (und die Erde dabei nicht durch uns Menschen überhitzt), werfen wir einen Blick auf die Tierwelt der letzten Warmzeit. Denn das ist die Fauna, die auch heute für Mitteleuropa anzunehmen wäre. Diese Referenzwarmzeit, das Eem, begann vor etwa einhundertsechsundzwanzigtausend Jahren und endete elftausend Jahre später. Damals war es in Mitteleuropa noch etwas wärmer als heute. Und obwohl bereits frühe Menschen der Art *Homo erectus* auf dem heutigen Gebiet Deutschlands lebten und jagten, waren die Großtiere, nach allem, was man weiß, noch nicht dezimiert. Damals existierten innerhalb der heutigen Grenzen Deutschlands sechzehn Pflanzenfresser, die ein Körpergewicht von mehr als fünfzig Kilogramm hatten:

Waldelefant *(Palaeoloxodon antiquus)*
Warmzeit-Mammut *(Mammuthus intermedius)*
Breitstirnelch *(Alces latifrons)*
Damhirsch *(Dama dama)*
Riesenhirsch *(Megaloceros giganteus)*
Rothirsch *(Cervus elaphus)*
Auerochse *(Bos primigenius)*

Europäischer Wasserbüffel *(Bubalus murrensis)*
Steinbock *(Capra ibex)*
Gämse *(Rupicapra rupicapra)*
Flusspferd *(Hippopotamus amphibius)*
Waldnashorn *(Stephanorhinus kirchbergensis)*
Steppennashorn *(Stephanorhinus hemitoechus)*
Großes Wildpferd *(Equus taubachensis)*
Kleines Wildpferd *(Equus ferus)*
Europäischer Esel *(Equus hydruntinus)*

Diese Pflanzenfresser dürften wir auch heute bei uns erwarten, wenn nicht vor mehr als zehntausend Jahren etwas passiert wäre, das die Großtiere aus unserer Region verdrängte. Lediglich Rothirsch, Gämse, Steinbock und der hierzulande wiedereingebürgerte Damhirsch sind noch da. Aber auch diese Arten besiedeln nicht das ganze Land, dürfen nicht beliebig wandern und sich vermehren. Einen großflächigen Einfluss haben wilde Megaherbivoren in Mitteleuropa schon seit vielen Jahrtausenden nicht mehr. Zwar wurde der Auerochse bekanntlich erst im 17. Jahrhundert endgültig ausgerottet. Aber seine Anzahl dürfte schon lange vorher so niedrig gewesen sein, dass er keinen Einfluss mehr auf Natur und Landschaft ausüben konnte. Gleiches gilt für die anderen Arten. Wenn also römische Gelehrte die Landschaft Germaniens als mit »schrecklichen Wäldern« bewachsen beschreiben, so geschah das zu einer Zeit, als die meisten Großtiere bereits ausgerottet und wildlebende Pferde und Rinder längst selten geworden waren. Was die antiken Schriftsteller freilich nicht wissen konnten.

Sicher sind unsere hergebrachten Annahmen über die natürliche Vegetation Mitteleuropas ähnlich unpräzise wie die einst vorherrschende Ansicht, Sibirien sei von Haus aus artenarm und der Boden natürlicherweise mit Moosen und Zwergsträuchern bedeckt. Wäre es denkbar, dass auch bei uns die verschwundenen pflanzenfressenden Großsäuger eine fatale Lücke hinterlassen haben, weil sie nicht mehr in großer Zahl die Vegetation und damit die Landschaft beeinflussen? Dass heute nicht mehr alle natürlichen Prozesse ablaufen können, selbst wenn wir der Natur ihren Lauf lassen und etwa ein Waldgebiet nicht mehr bewirtschaften? Dass die Naturgesetze nicht mehr umfänglich wirken können, weil diese Gruppe von Mitspielern im Ökosystem fehlt, eine Gruppe, die so wichtig ist und Grundsätzliches leistet wie die abfallverarbeitenden Pilze und Bakterien oder die bestäubenden Insekten? Was, wenn das der Hauptgrund dafür ist, dass es bei uns heute keine funktionale Wildnis mehr gibt? Dies sind Gedanken, die sich seit einiger Zeit immer mehr Wissenschaftlerinnen und Wissenschaftler machen.

In Dänemark wird besonders intensiv an diesem Thema geforscht. Während die Waldökosystemforschung in Deutschland meist in den Händen der Forstwissenschaft mit ihrer ökonomischen Grundausrichtung liegt, untersuchen Ökologinnen und Ökologen einer Arbeitsgruppe an der Universität Aarhus unter der Leitung von Professor Jens Svenning die Wechselwirkungen zwischen Fauna, Boden, Klima und den großen Säugetieren. Unter anderem in einem ökologischen Freiluftlabor, dem »Molslaboratiet«. Rinder und Pferde leben dort das ganze Jahr über draußen in der Natur, und die Wissenschaftler beobachten deren Auswirkungen auf die Umwelt. Sie vergleichen ihre Daten mit denen anderer Ökosysteme auf der Welt und wollen herausfinden, wie viele Großtiere eine Landschaft verträgt. Und wie viele sie braucht. Die vielleicht spannendste Erkenntnis, die aus der dänischen Wissensschmiede stammt, ist die, dass in der Natur die verfügbare Pflanzenmasse die Anzahl an Großtieren bestimmt, die in einer Landschaft leben. Die Megaherbivoren vermehren sich also so lange, bis das Futter knapp wird. Dann wandern sie ab, stellen die Reproduktion ein oder sterben. In der afrikanischen Savanne verhungert in Dürrezeiten oft mehr als ein Drittel der großen Pflanzenfresser. Eine brutale, aber natürliche Selektion.

In Europa ist es eher der Winter, der eine Art Flaschenhals darstellt und den nicht alle Individuen einer Art überleben. Beim Rothirsch lässt sich das noch beobachten, zumindest an Orten, wo das Wild im Winter nicht gefüttert wird. Oder im niederländischen Oostvandersplassen, einem mehr als fünftausend Hektar großen Wildnis-Entwicklungsgebiet, in dem zweitausend Hirsche, Pferde und Rinder leben und die Landschaft gestalten. Sie halten die Gehölze kurz, die zuvor die gesamte Fläche zu überwuchern drohten. Die Pflanzenfresser öffnen die Schilfbestände und schaffen kurzwüchsige Weiderasen, auf denen zahllose Gänse weiden und zweihundert weitere Vogelarten satt werden, darunter viele bedrohte Arten.

Das Besondere ist, dass die vielen Großtiere, die in Oostvandersplassen in einer ähnlichen Dichte leben wie in Zimovs rekonstruierter Mammutsteppe oder in einem afrikanischen Savannen-Nationalpark, nicht gefüttert werden. Auch hier sterben bei Nahrungsmangel, in harten Wintern etwa, viele Tiere. Bemerkenswerterweise ebenfalls mehr als ein Drittel, genau wie in der afrikanischen Savanne. Hungernde Ponys und Kühe nicht zu füttern, scheint grausam, und man kann durchaus diskutieren, ob es sich moralisch vertreten lässt. Ich meine, es ist nicht vertretbar, denn es gibt einen Unterschied zwischen einer überschaubaren Anzahl von Weidetieren, die innerhalb eines Zaunes Kälte und Hunger ausgesetzt sind, und großen Herden von hungernden Huftieren in der Serengeti, die zumindest die Möglichkeit haben zu wandern.

Allerdings sind die Erkenntnisse, die in Oostvandersplassen gewonnen wurden, weitreichend und lassen uns unsere Ökosysteme in einem ganz neuen Licht sehen: Erst wenn die Nahrung beginnt knapp zu werden, weichen die Pflanzenfresser auf weniger schmackhafte oder wehrhaftere Gewächse aus. In der Folge werden nicht nur saftige Gräser und eiweißreiche Stauden gefressen, sondern auch Pflanzen, die mit Bitterstoffen ausgerüstet sind oder mit Stacheln und Dornen. Erst dann stellt sich ein Gleichgewicht ein, weil die Pflanzenfresser auf die gesamte Vegetation einwirken.

Ungiftige, schmackhafte Pflanzen haben oft besonders viele Samen und somit Nachkommen. Eine Strategie, die das Überleben sicherstellt, auch wenn es zahlreiche Fressfeinde gibt. Andere Gewächse investieren in die Abwehr gegen hungrige Mäuler und bilden stechende Auswüchse oder lagern Bitterstoffe ein. Sie brauchen keinen Nachwuchs in so großer Zahl, weil sie ja weniger gern gefressen werden. Wieder andere liegen irgendwo dazwischen, schmecken ein bisschen bitter oder sind unangenehm zu berühren. Die

Brennnessel zum Beispiel. Pflanzen wie sie werden oft erst verzehrt, wenn die leckeren Blätter der übrigen Pflanzen abgeweidet sind. Erst dann knabbern Rinder und Pferde auch an solch wehrhaften Gewächsen. Also nur, wenn sich so viele Großtiere in einem Gebiet aufhalten, dass die Nahrung ein kleines bisschen knapp wird. Bis dahin werden nur die Pflanzen ohne Abwehrmechanismen gefressen, und alles, was sticht, brennt oder bitter schmeckt, kann sich ungehemmt vermehren.

Wird also ein Gebiet mit zu wenigen Großtieren beweidet, verschiebt sich das Gleichgewicht zwischen den Pflanzenarten. Brennnesseln und andere wehrhafte Arten breiten sich aus. Diese Verschiebung der Häufigkeiten hat negative Folgen für andere Arten des Ökosystems. Viele Insekten entwickeln sich nur auf ganz bestimmten Gewächsen, und ihre Häufigkeit hängt demzufolge von der Ausbreitung oder dem Verschwinden ihrer Pflanze ab. Es gibt auch Pflanzen, die ganz andere Tricks anwenden, um nicht gefressen zu werden. Sie versuchen einfach, sich aus dem Bereich herauszuhalten, in dem gefressen wird. Das gelingt den Bäumen, sobald sie groß genug sind. Es geht aber auch andersherum: Zahlreiche Kräuter und Gräser wachsen ganz flach als Blattrosette auf dem Boden, sehen auf den ersten Blick aus wie plattgetreten. So erreichen sie, dass die Zungen, Lippen und Zähne der Pflanzenfresser das Laub nicht so leicht erwischen. Erst wenn die Nahrung knapp wird, geht es auch ihnen an den Kragen beziehungsweise an die Rosette.

Anders als in der freien Natur oder in Oostvandersplassen muss im Mols-Labor in Dänemark kein Tier verhungern; man geht eine Art Mittelweg. Im Freiluftlabor leben gerade so viele Exmoor-Ponys und Highland-Rinder, wie das Gebiet ernährt. So wird ein Maximum an Beweidung erreicht. Gefüttert werden die Tiere auch hier nicht. Sobald die Pferde oder Rinder im Winter erste Anzeichen mangelnder Ernährung zeigen, werden sie herausgefangen und abgegeben.

Im Frühling 2022 durfte ich das Gebiet besuchen, um Dr. Camilla Fløjgaard zu befragen, eine junge Wissenschaftlerin, die im Freiluftlabor der Uni Aarhus forscht. Sie demonstrierte anschaulich, dass in ihrem Versuchsgebiet mehr Pflanzenarten wachsen, mehr Wildbienenarten vorkommen und überhaupt die Biodiversität deutlich reichhaltiger ist als im angrenzenden Nationalpark Mols Bjerge. Die positiven Effekte der intensiven Beweidung sind gewaltig und haben auch mich überrascht. Die von den Pflanzenfressern kurzgehaltenen Weiderasen strotzen vor Artenreichtum. Jede Menge kleine Rosettenpflänzchen bedecken den Boden und warten darauf, ihre Blüten in die Frühlingsluft zu schieben, um durch die zahllosen Insekten bestäubt zu werden. Laut Auskunft der Forscherin werden im Gebiet ständig neue Arten entdeckt, und alles, was an seltenen Spezies in dieser Region zu erwarten wäre, taucht irgendwann auf.

Steht man auf diesem Weideland, versteht man schnell, warum es so artenreich ist. Würde die Vegetation nur ab und zu vom Menschen gemäht, müssten viele der kleinen Kräuter an Lichtmangel eingehen, weil größere Gräser und Wiesenblumen sie immer wieder überwachsen. Es ist die Krux an der Mahd: Die Pflanzendecke wächst auf der gesamten Fläche gleichmäßig in die Höhe; auf dem Wiesenboden wird es dunkel und kühler. Durch das Mähen wird die gesamte Pflanzendecke plötzlich und geradezu katastrophenartig entfernt, und der Wiesenboden wird wieder zur Gänze von der Sonne beschienen. Man kann sich leicht vorstellen, dass dieser schroffe Wechsel der Bedingungen nicht jedem Pflänzchen schmeckt. Ebenso wie die kleinen Kräuter verenden die Larven vieler Schmetterlinge und anderer Insekten, wenn Gräser und Wiesenblumen flächendeckend wachsen. Auch sie brauchen das Licht. Nicht etwa, um sich vom Licht zu ernähren, wie es die Pflanzen machen. Sondern wegen der Wärme, die die Sonnenstrahlen auf den Wiesenboden bringen.

Wo Großtiere grasen, ist stets ein gewisser Teil der Vegetation bis zum Boden abgefressen. Insektenweibchen »wissen« sehr genau, wo sie ihre Eier ablegen müssen, und Arten, deren Nachwuchs sehr wärmebedürftig ist, deponieren entsprechend ihre Gelege an solch sonnenreichen, warmen Stellen. In manchen deutschen Naturschutzgebieten, in denen nicht beweidet, sondern gemäht wird, haben Forscher eine interessante Entdeckung gemacht. Weil mehr reaktiver Stickstoff in der Luft ist (der aus dem Verkehr, der Industrie und aus der Landwirtschaft stammt), wird die Vegetation überall ungewollt gedüngt. Alles, was Pflanze ist, wächst etwas kräftiger als zuvor. Auch im Naturschutzgebiet. Die nun höhere und dichter wachsende Wiese wirft mehr Schatten auf ihre eigenen Füße. Das zeitigt die kuriose Folge, dass es am Wiesenboden trotz Klimaerwärmung auf einmal etwas kühler ist und manchen Insektenarten die nötige Wärme für ihre Entwicklung fehlt.

Wo große Pflanzenfresser weiden, ist das Problem der Überdüngung mit Stickoxiden und Ammoniak aus der Luft gelöst: Wenn mehr wächst, wird mehr abgefressen. Zudem gibt es dort ohnehin stets ein Mosaik aus hochgewachsener und kurzgefressener Vegetation. Da finden alle Insektenarten und ihre Eier, Larven und Puppen einen Platz mit der richtigen Temperatur. So wie im Mols-Labor in Dänemark. Ganz einfach, weil die Rinder und Pferde ihren Job machen. Nicht auszudenken, um wie vieles artenreicher das Gebiet wäre, wenn das Gebiet nicht nur zweihundert Hektar groß wäre, sondern tausendmal so groß. Und wenn nicht nur zwei Sorten von Haustieren dort weiden würden, sondern all die Großtiertypen, die in den vergangenen Warmzeiten in Europa vorkamen, inklusive Elefanten und Nashörner. Jeder Megaherbivore hat andere Vorlieben, wirkt sich anders auf die Vegetation und den Boden aus. Wir werden das noch genauer betrachten, wenn wir uns mit der Beweidung durch Schafe auf den Kalkmagerrasen beschäftigen.

Die Vielfalt an Lebensraumstrukturen und der enorme Artenreichtum sind jedoch nicht alles, wodurch »Wilde Weiden« bestechen. So nennen wir die halboffenen Landschaften, die von einer großen, aber nicht zu großen Anzahl von Pflanzenfressern möglichst ganzjährig beweidet werden. Sie sind auch an anderer, unerwarteter Stelle echte Hoffnungsträger.

Wenden wir uns noch einmal einem der toten Bäume am Rande des Forstwegs zu, an dem wir am Anfang des Buches vorbeigewandert sind. Zweihundert Jahre stand er an seinem Platz und hat dabei einen Kern aus Holz gebildet, der etwa zur Hälfte aus Kohlenstoff besteht. Jahrzehnte dauert es nun nach seinem Zusammenbruch, bis ihn der Fluss des Lebens verschlungen und zerrieben hat. Dabei wandern seine Bausteine (neben dem Kohlenstoff vor allem Sauerstoff) zu einem kleinen Teil in den Boden und zu einem größeren Teil in die Luft. Am Ende ist das CO_2, das der Baum während seines Wachstums über das Laub aus der Luft aufgenommen und in seinem Körper eingelagert hat, wieder frei. Ein internationales Forschungsprojekt kam kürzlich zu dem Ergebnis, dass die weltweite Kohlenstofffreisetzung aus Totholz die Emissionen aus der Verbrennung fossiler Energieträger übersteigt (was durch nachwachsendes Holz freilich wieder kompensiert wird).

Sollte man also das Totholz aus dem Wald räumen, in Hallen lagern und vor dem Verrotten bewahren? Wohl kaum. Totholz ist als Lebensraum in der Natur und als Baustein im Nährstoffkreislauf unersetzlich. Auch CO_2 in der Luft ist wichtig. Es dient den Pflanzen als Grundstoff, aus dem sie mithilfe des Sonnenlichtes Kohlenhydrate herstellen. Das Zuviel an CO_2 in der Atmosphäre, das wir Menschen verantworten, dürfen wir nicht natürlichen Vorgängen anlasten. Weder der CO_2-Quelle Totholz noch den Herden der

Großtiere, die beim Atmen und Verdauen Kohlendioxid und Methan freisetzen. Zumal wir auch hier erst zu verstehen beginnen, wie die Bilanz eigentlich aussieht. Denn das überraschende Fazit jüngster Untersuchungen lautet: Wilde Weiden sind trotz des schlechten Images der Kuh gut für das Klima! Doch eines nach dem anderen.

Wir dürfen getrost davon ausgehen, dass über Hunderte von Millionen Jahren auf unserem Planeten und in seiner Atmosphäre ein gewisses Gleichgewicht herrschte zwischen Raubtieren und Pflanzenfressern, zwischen Tieren und Pflanzen, zwischen Sauerstoff und Kohlendioxid. Zwar gab es durchaus enorme Schwankungen. Der CO_2-Gehalt in der Luft war die meiste Zeit der Erdgeschichte sogar um ein Vielfaches höher als heute und stieg auch immer wieder plötzlich an oder fiel ab. Genau wie die Durchschnittstemperatur auf der Erde. Auch innerhalb des vor rund zweieinhalb Millionen Jahren einsetzenden Eiszeitalters, in dem wir leben, und sogar innerhalb des Holozäns, der wärmeren Klimaperiode nach dem Ende der letzten Kaltzeit innerhalb dieses Eiszeitalters. So wurde es etwa in der Mittelsteinzeit auf einmal wärmer. Die Temperaturen lagen höher als heute, in Skandinavien im Durchschnitt sogar zweieinhalb Grad. Diese »Atlantikum« genannte Epoche der Erdgeschichte dauerte mehrere Jahrtausende, bis sich die Erde vor etwa viertausend Jahren wieder abkühlte. Im Atlantikum schmolzen die europäischen Gletscher weitgehend ab. Wärmeliebende Tier- und Pflanzenarten breiteten sich aus.

Überall im Land finden wir heute in Gegenden mit besonders mildem Klima die Relikte aus dieser Zeit. Sonnenanbeter, die sich im Atlantikum bei uns ausbreiten konnten und an solch wärmebegünstigten Orten bis heute überlebt haben. Ein Beispiel dafür ist die Smaragdeidechse. Im südlichen Europa ist sie fast allgegenwärtig. Bei uns, nördlich der Alpen, ist sie heute nur noch im Rheintal, an den Donauhängen bei Passau und in den trockenwarmen Heiden bei Berlin zu finden.

All diese klimatischen Veränderungen vollzogen sich relativ langsam, und obwohl das Erdklima nachweislich immer schwankte, geriet es nie aus den Fugen, sonst wären wir ja nicht mehr da. Aber dieses Aus-den-Fugen-Geraten befürchten Klimaforscher, wenn wir auf der Erde so weitermachen wie bisher, insbesondere fossile Energieträger nutzen und durch Subventionen eine klimaschädliche Landwirtschaft am Leben erhalten. Klimaschützerinnen und Klimaschützer fordern daher zu Recht weitreichende und radikale Maßnahmen, um den menschengemachten Anteil an der Klimaänderung zu minimieren. Und genau dabei könnten die Wilden Weiden helfen – und das Rind würde dabei eine zentrale Rolle spielen.

Die Großtierfauna Mitteleuropas ist Geschichte. Und mit ihr die Savannenlandschaft der gemäßigten Breiten, in der es vor Leben nur so wimmelte. Richten wir also noch einmal den Blick auf die afrikanische Serengeti, als eines der letzten Gebiete auf der Erde, in denen noch große Tierherden das Land gestalten. Wohl niemand käme auf die Idee, die großen Pflanzenfresser dort Klimaschädlinge zu nennen, weil sie rülpsen und atmen. Und obwohl die Büffel, Gazellen und Antilopen in der Tat beides tun, wäre die Diffamierung der letzten Großtierparadiese auf der Erde als schlecht für das Erdklima selbstredend unangebracht. Und auch sachlich falsch! In der Summe ist das Gnu nämlich klimafreundlich, und die anderen Pflanzenfresser der afrikanischen Savanne sind es auch. All die anderen Großtiere der Welt sind es – oder waren es – ebenfalls! Sogar die als »Klimakiller« gebrandmarkten Rinder hierzulande. Wie kann das sein? Das wollte ich von der Graslandforscherin Dr. Anita Idel wissen, die als Tierärztin und studierte Landwirtin viel über das Thema gearbeitet und publiziert hat. Wir hatten uns auf einer Wilden Weide in Thüringen verabredet, dem Alperstedter Ried. Einem Feuchtgebiet, in dem Exmoor-Ponys, Wasserbüffel und Rinder der Rasse »Harzer Rotvieh« weiden und das – kaum überraschend – ein Hort der Artenvielfalt ist.

Anita hat Grasland-Ökosysteme weltweit studiert und ist dabei einer genialen Koevolution auf der Spur: Die großen Pflanzenfresser knabbern und zupfen und grasen und können dank einer Symbiose mit Mikroorganismen in ihrem Magen zellulosehaltige Gräser, Blätter, Stängel und Zweige verdauen. Überall auf der Welt, wo Pflanzenwachstum möglich ist, hat sich die Vegetation darauf eingestellt, gibt es Gräser und Kräuter, die darauf angewiesen sind, dass jemand die größeren Gewächse fernhält, damit sie nicht im Schatten verhungern müssen. Und auf allen Kontinenten und praktisch in jedem Winkel der Welt findet man eine artenreiche Großtierfauna, wenn auch meist nur noch in Form von subfossilen Überresten. Sprich Knochen, Zähne, Geweihe und Hörner. Auf allen Kontinenten, von den Tropen bis in die Arktis, war die Erde von pflanzenfressenden Kolossen besiedelt, bis der moderne Mensch auftauchte.

In unserer wilden europäischen Urlandschaft spielte sich dasselbe Naturwunder ab wie in der Serengeti: Die Gräser reagieren auf das Abweiden mit einem Wachstumsimpuls. Sie bilden neues Laub und vor allem viel neue Wurzelmasse, die fortlaufend wieder abstirbt. Diese hauchzarten Feinwurzeln werden nicht vollständig abgebaut, bevor sie samt dem in ihnen enthaltenen Kohlenstoff in den Boden übergehen.

Unterirdisch lebende Tiere wie Regenwürmer, Käferlarven, Maulwürfe, Hamster, Ziesel und andere verfrachten den Humus beim Wühlen in immer tiefere Erdschichten. Dabei bringen sie Gesteinsbrocken und damit Mineralien an die Oberfläche und machen sie für die Pflanzen verfügbar. Hierfür gibt es sogar einen eigenen Fachbegriff: »Bioturbation«. Auf diese Weise sind überall auf der Welt mehrere Meter tiefe Braun- und Schwarzerdeböden entstanden, voller Humus und voller Kohlenstoff. Die Existenz dieser Böden beweist ihrerseits, dass es die offenen, von Großtieren dominierten Savannen gab. Sei es in der amerikanischen Prärie und Pampa oder den Steppen in Afrika, Asien, Australien und Europa.

Die wichtigsten Getreideanbaugebiete befinden sich heute im Bereich dieser Schwarzerden, von denen ein Drittel in der Ukraine liegt. So könnte man sagen, dass die Menschheit ihre Nahrung zu einem beträchtlichen Teil den von ihr ausgerotteten Weidetieren zu verdanken hat.

Auch im Ökosystem Wald wird fortlaufend Kohlenstoff im Boden deponiert. Weil aber das Wurzelwachstum bei den Bäumen, anders als bei den Gräsern, nicht immer wieder »angeschubst« wird und sich zudem die dickeren Wurzeln der Bäume nach dem Absterben im Vergleich zu den feinen Graswurzeln viel gründlicher zersetzen, wird im Waldboden weniger Kohlenstoff gespeichert als im Boden des Graslandes. Ein Wald bildet nur langsam und wenig Humus. Der Wald ist daher dem Weideland unterlegen, wenn es darum geht, als Kohlenstoffsenke zu fungieren und dem Klimawandel entgegenzusteuern.

Werden Bäume neu gepflanzt, speichern sie in der Tat jede Menge Kohlenstoff in ihren wachsenden Körpern. Doch sie sind ein Speicher auf Zeit, denn irgendwann zerfällt das Holz im Wald in dem Maße, wie es nachwächst. Dann ist der oberirdische Kohlenstoffspeicher des Waldes voll, denn es kann ja nicht immer mehr Pflanzenmasse im Wald wachsen. Ähnlich verhält es sich, wenn unser toter Baum mit den vielen Pilzkonsolen nicht im Wald vergehen würde, sondern gefällt und zu einem Dachstuhl oder einem Brückengeländer verarbeitet worden wäre. Dann bliebe der Kohlenstoff zwar bestenfalls für ein paar Jahrhunderte im Bauholz gebunden. Doch irgendwann zersetzt sich alles Holz und gibt seine Hauptbestandteile frei: Sauerstoff, Wasserstoff und Kohlenstoff. Eine Tatsache, die meist keine Berücksichtigung findet, wenn der Wald in der Klimadiskussion als Allheilmittel gegen den menschengemachten Klimawandel gepriesen wird. Lebende Baumstämme dienen also nur für eine gewisse Zeit als eine Art Zwischenlager. Sobald ein alter Baum am Waldboden vermodert, wenn Brennholz verheizt wird oder Baumaterial oder Möbel nicht mehr gebraucht werden und auf dem Müllplatz landen, wird der Stoff, aus dem die Klimaerwärmung ist, wieder frei. Dauerhaft gespeichert wird er nur im Humus im Boden, und in puncto Humusaufbau schlägt die Weide den Wald um Längen.

Deswegen ist eine Weidelandschaft eine bessere Kohlenstoffsenke als ein Wald, ganz gleich, ob darüber die afrikanische, europäische oder sibirische Sonne scheint.

Lebendig und wild und in diesem Maße humusaufbauend ist die Weidelandschaft allerdings nur, wenn ihr Kreislauf funktioniert, wenn die großen Tiere da sind, die fressen und knabbern und trampeln und Dung ausscheiden. Nicht zu viele dürfen es sein – aber auch nicht zu wenige.

Dass dieser Kreislauf auch bei uns einmal funktionierte, lässt sich überall entdecken. Selbst auf den schnurgeraden Kieswegen, auf denen wir durch den Wald spazieren: Überall haben sich im Verlauf der Evolution die Gewächse auf die Anwesenheit der Pflanzenfresser eingestellt, und die erworbenen Antworten haben sie bis heute parat. In einer Art »Kosten- und Nutzenrechnung« verlegt sich jeder Pflanzenorganismus auf die für ihn günstigste Variante, um natürlichen Feinden zu entgehen oder, anders ausgedrückt, um sein Erbgut erfolgreich weiterzugeben. Viele Bäume und Sträucher wachsen einfach aus dem Einflussbereich der Pflanzenfresser heraus. Manche lagern wie schon erwähnt giftige oder bittere Inhaltsstoffe ein oder wappnen sich mit schmerzhaft stechenden Stacheln und Dornen. Andere lagern Silikat in Form von Kieselsäure ein, was sie schlechter verdaulich und somit weniger begehrlich macht.

Viele Gräser und Kräuter haben eine andere Strategie entwickelt, sie bilden verstärkt feine Wurzeln, um mit voller Kraft Nährstoffe zu tanken und neu austreiben zu können, nachdem ihr grüner, oberirdischer Teil abgebissen wurde. Bis das nächste Großtiermaul kommt und zubeißt, dauert es mit einiger Wahrscheinlichkeit lange genug, damit die Pflänzchen blühen und Samen bilden können. Und wenn nicht, geht das Spiel eben wieder von vorne los. Darum sprießt ja der Rasen im Garten nach dem Mähen so schön. Die

Gräser versuchen wieder auf Touren zu kommen, das Verlorene wettzumachen und doch noch zu Blüte und Samenreife zu gelangen. Im Fangsack des Rasenmähers werden natürlich bei jedem Mähen mit der Pflanzenmasse viele Nährstoffe abtransportiert. Der Boden magert aus, die Graspflänzchen werden schwächer, wachsen lückiger und machen Moosen und anderen Hungerkünstlern Platz. Mit Rasendünger schließt mancher Gartenbesitzer den unnatürlichen Kreislauf, damit alles schön dicht und saftig grün bleibt.

In der Natur besorgen das die Pflanzenfresser selbst und geben dem Boden die entnommenen Nährstoffe durch ihre Ausscheidungen und am Ende ihres Lebens durch ihren Kadaver wieder zurück. Alle paar Stunden setzen die Grasfresserkolosse einen Haufen ab, je nach Größe des Tieres zwanzig bis hundert Kilogramm am Tag. So werden die Nährstoffe aufbereitet, umgelagert und verteilt. Auch Heuschrecken, Wanzen und alle anderen Kleintiere, die in ungeheuren Stückzahlen das Grasland besiedeln, fressen und koten. Ebenso Vögel, Mäuse, Reptilien und alle anderen Bewohner. Dann kommen die Zersetzer: Springschwänze, Insektenlarven, Bakterien und Pilze und viele andere ernähren sich vom Dung. Der Rest des enthaltenen Kohlenstoffs, Stickstoffs und anderer Substanzen wird vom Regen in den Boden geschwemmt.

Neben dem Großtierdung liefern auch Tierkadaver und mit dem Wind herbeigewehte Staubpartikel Nährstoffe für die Pflanzenwelt. So schließt sich der Nährstoffkreislauf im Grasland und begründet ein Ökosystem, das vor Artenvielfalt und Biomasse nur so strotzt. Die Stellschrauben in der Natur, die verhindern, dass das Gleichgewicht aus den Fugen gerät, sind dabei unglaublich fein. Würde an der Savannenvegetation an ein und demselben Fleck ununterbrochen gefressen, müssten die Pflanzen verkümmern. Diesen Effekt kann man überall dort beobachten, wo zu viele Pferde oder Rinder auf zu kleiner Fläche beisammenstehen. Gewächse und Großtiere sind sich gegenseitig ausgeliefert, mit verheerenden Folgen für beide Seiten. Dauertritt und Dauerfraß ruinieren die Pflanzendecke, das leuchtet sofort ein. Aber die Gleichung funktioniert auch andersherum. Unter Stress können Gräser, quasi als Ultima Ratio, Giftstoffe herstellen, besser gesagt: herstellen lassen. Etliche Grasarten beherbergen nämlich in ihrem Inneren spezielle Pilze, die sie mit Nährstoffen versorgen und von denen sie im Gegenzug Verteidigungsleistungen erhalten. Im Stressfall animiert das Gras den Pilz, schädliche Alkaloide herzustellen. Das wiederum kann zu dem wenig bekannten Umstand führen, dass das Gras auf einer überstrapazierten Weide ungenießbar wird, sich die Pferde vor dem

Ponyhof vergiften, eine Kolik bekommen und im Extremfall daran sterben.

Nicht nur die Gräser, auch die Sträucher und Bäume und alle anderen Gewächse haben Fressfeinde, ob es nun tonnenschwere Pflanzenfresser sind oder kleine, blätterfressende Insekten. Und alle verstehen sich darauf, Abwehrstoffe zu bilden, um den Angriff der Herbivoren zu stoppen. Die Giftproduktion ist energieaufwendig. Sie ist sozusagen »kostspielig« und steht in Konkurrenz zu anderen Lebensäußerungen wie Wachstum oder Vermehrung, die ebenfalls das Energiebudget belasten. Deswegen beginnen viele Pflanzen erst dann mit der Giftproduktion, wenn sie angeknabbert werden. Kurz darauf ist ihr Laub übelschmeckend oder sogar ungenießbar und giftig, und die Pflanzenfresser ziehen weiter.

Das Wandern garantiert den Herdentieren nicht nur, einer Vergiftung durch überweidete Gräser zu entgehen, sondern auch einem übermäßigen Befall durch Parasiten. In der Natur sind die meisten Großsäuger von Würmern besiedelt, mit denen der Körper gut umgehen kann, solange sie nicht zu viele werden und die Oberhand gewinnen (Parasitismus ist ein weiteres spannendes Beispiel für das Zusammenspiel von Organismen im Gleichgewicht). Fressen die Tiere zu lange dort, wo sie über längere Zeit Dung absetzen, reinfizieren sie sich mit den eigenen Parasiten und mit jenen anderer Herdenmitglieder. Dadurch steigt der Befall, und das kann eine Erkrankung auslösen. Die Migration der Tierherden verhindert also Schäden bei Pflanzen und Pflanzenfressern.

Kommen die Megaherbivoren im richtigen zeitlichen Abstand vorbei, profitieren beide Seiten: Die Großtiere werden satt, bleiben dabei gesund, und die Pflanzen behalten ihren Lebensraum. Unterbleibt dagegen der regelmäßige Besuch der Kolosse, überwuchern zuerst Stauden, dann Sträucher und später Bäume den Weiderasen und machen der großen Artenvielfalt den Garaus. Dann entsteht ein neuer, ziemlich spezieller Lebensraum. Einer, der einer deutlich geringeren Anzahl von Arten eine Heimat bietet: der Wald, wie wir ihn kennen. Ein dichter Baldachin aus ein paar Baumarten, von denen meist einige wenige die übrigen dominieren. Darunter ein Heer aus Säulen unterschiedlicher Dicke und Altersklassen.

Am Waldboden steht der Baumnachwuchs in Wartestellung. Hungerkünstler, für die der Startschuss fällt, wenn einer der Alten zusammenbricht. Für die allermeisten Blütenpflanzen, Stauden, Gräser, Moose, Pilze, Insekten, Spinnen, Vögel, Kleinsäuger und Großtiere gibt es jetzt kein Auskommen mehr. Auch für viele Gehölze nicht! Von Eiche bis Eberesche, von

Wildapfel bis Wacholder, weit mehr als die Hälfte der heimischen Bäume und Sträucher können sich in unseren Wäldern ohne die Hilfe des Försters nicht vermehren. Und zwar weil ihnen das lebensnotwendige Licht als Grundlage für ihre Ernährung fehlt, da der Wald zu dicht ist. So, wie wir ihn heute kennen, sah der Wald im Laufe der jüngeren Erdgeschichte wohl nie zuvor aus, zumindest nicht auf großer Fläche. Und mit Sicherheit überzog er nicht als dunkler Urwald Mitteleuropa.

Wildnis – was ist das also? Wenn in Deutschland heutzutage von Wildnisgebieten gesprochen wird, dann sind damit meist Gebiete gemeint, in denen Prozessschutz herrscht. Das soll wie gesagt heißen, dass die natürlichen Prozesse ungehindert ablaufen können. Allerdings fehlen gegenwärtig, wie wir gesehen haben, fast überall die wichtigsten Prozesse. Weil die wilden Großtiere erst durch Nutztiere ersetzt worden sind, die schließlich fast vollständig aus der Natur entfernt und in Ställe gesperrt wurden.

Entsteht also heute nicht etwas ganz anderes, etwas das noch viel unnatürlicher ist, als wenn Hausrind und Reitpferd – wie noch in Zeiten vor der industriellen Stallhaltung – die Rolle ihrer ausgerotteten Vorfahren wenigstens teilweise übernehmen würden?

Die elementaren Effekte von Pflanzenfressern im Ökosystem zeigen sich, solange Wildtiere oder aber Nutztiere in größerer Zahl vorkommen. Ihr Grasen, Trampeln, Scharren, Suhlen, Dungausscheiden sind die unverzichtbaren Prozesse, die fehlen.

Stellen wir uns vor, wir hätten im Laufe unserer Geschichte »versehentlich« die Insekten ausgerottet. Anschließend hätten wir die fehlenden Bestäuber durch die domestizierten Honigbienen der Imker ersetzt, sodass wenigstens ein Teil der Pflanzen in der Natur bestäubt wird. Und auf einmal sperren wir die Honigbienen in Käfige und füttern sie dort, anstatt sie in der Natur Nektar sammeln und dabei die verschiedenen Blüten bestäuben zu lassen. Unsere Natur würde sich radikal verändern, und wir täten gut daran, die zahmen Honigbienen schnellstmöglich wieder hinauszubringen in die Natur. Zugegeben ein ziemlich unrealistisches Szenario. Aber dennoch eines, das in seiner Dimension dem Verlust der Großtiere und dessen Auswirkung nahekommen dürfte.

Die Ökosystemdienstleistungen der Megaherbivoren liegen nicht so klar auf der Hand wie jene der bestäubenden Insekten. Aber sie sind unbestreitbar da und fehlen heute fast überall. Die großen Pflanzenfresser schufen einst landauf, landab – je nach Boden und Lokalklima und niemand weiß genau, in welchem Ausmaß – eine Vegetation, die halboffen war und in der die Bäume eine ebenso große Rolle spielten wie Gräser und blühende Kräuter. Eine Landschaft, die mindestens so viel Kohlendioxid aus der Luft aufnehmen konnte, wie ihre tierischen Bewohner freisetzten. Pferde, Rinder, Elefanten, Nashörner und Geweihträger weideten bei uns seit Jahrmillionen und zu allen Zeiten und in großer Zahl. Dazu kamen Leoparden, Löwen, Säbelzahnkatzen, Hyänen, Wölfe und andere Raubtiere, die ihrerseits von den Pflanzenfressern lebten – die sich dank ihrer Schnelligkeit oder ihrer Stirnwaffen gegenüber den Fleischfressern behaupten konnten.

Solange Pflanzen und Pflanzenfresser miteinander leben und eine Art ökologisches Tauziehen veranstalten, ist die Landschaft vielfältig und die Artenvielfalt groß. Sobald die Pflanzenfresser fehlen, gibt es nur Verlierer. Letzteres ist nicht nur bei uns in Mitteleuropa geschehen, sondern überall auf der Welt. Ob vor, nach oder zeitgleich mit dem großen Klimawechsel am Ende der letzten Kaltzeit: Sobald der moderne Mensch auftaucht, dauert es nicht lange, und die großen Tiere verschwinden von der Bildfläche. Ob auf kleinen Inseln oder großen Landmassen, es ist stets dasselbe Prinzip.

In älteren Veröffentlichungen wird dafür der eiszeitliche Klimawandel verantwortlich gemacht. Blickt man lediglich auf den Beginn des Holozäns, also der seit fast zwölftausend Jahren währenden Zwischenwarmzeit, in der wir heute leben, scheinen die klimatischen Umwälzungen tatsächlich nahezulegen, dass das sich ändernde Klima den eiszeitlichen Großtieren zunehmend die Lebensgrundlage entzogen hat. Allerdings muss man sich schon fragen, warum dann nicht die kleinen Pflanzenfresser wie Hasen und Mäuse in gleichem Maße betroffen waren. Und andere Tiergruppen ebenfalls nicht. Und warum all die großen Pflanzenfresser mehrere Kaltzeiten, die teilweise kälter waren als die letzte, und Dutzende Warmzeiten, die mitunter wärmer waren als die gegenwärtige, offenbar ohne Probleme überstanden hatten, um genau dann auszusterben, als der moderne Mensch auftaucht. Ein Zusammenhang liegt mehr als nahe.

In allen zurückliegenden Kaltzeiten besiedelten dicht behaarte und gut isolierte Pflanzenfresser Mitteleuropa. In allen Warmzeiten machten sich die nicht so gut eingepackten Geschöpfe breit. Stets war es ein gutes Dutzend Arten, ganz gleich, was das Klima machte. Immer lebten Rinder, Pferde, Geweihträger, Nashörner und Elefanten hier. Ununterbrochen, seit Jahrmillionen. Bis unsere Vorfahren auftauchten.

Viel mehr spricht dafür, dass das Aussterben dem sich ausbreitenden und mit »Fernwaffen« (Bogen und

Speerschleuder) ausgerüsteten *Homo sapiens* anzulasten ist. Gegen Raubtiere und primitive, mit Keulen bewaffnete Frühmenschen reicht es aus, wenn sich eine Rinderfamilie kreisförmig aufstellt, die Kälber in die Mitte nimmt und gesenkte Köpfe mit blitzenden Hörnern den Angreifern klarmachen, dass hier nicht viel zu holen ist. Sobald aber die Pfeile und Speere durch die Luft fliegen und ihre tödliche Wirkung entfalten, ohne dass die Jäger den Gejagten nahe kommen müssen, verpuffen die Abwehrmechanismen der großen Tiere.

Auf der ganzen Welt derselbe Befund: Die australischen Riesenwombats bewohnten die Erde über zwei Millionen Jahre, bis die Vorfahren der Aborigines auftauchten. Dann verschwanden auf einmal zwanzig große Pflanzenfresserarten aus der australischen Natur.

Als die Vorfahren der Ureinwohner Nordamerikas von Asien kommend die Neue Welt eroberten, stießen sie auf eine besonders artenreiche Großtierfauna. Mehrere Riesenfaultiere, verschiedene Elefantenarten, Hirsche, Schweine, Kamele und Antilopen … Dazu ein breites Spektrum an Raubtieren wie der Amerikanische Löwe und der Amerikanische Gepard. Fossile Überreste gewaltiger Adler mit fünf Metern Spannweite zeugen von der großen Beute, die es zu erlegen gab, und von ihren Kadavern, die reichlich vorhanden waren. Bereits fünfhundert Jahre nachdem die Einwanderer über die damals noch existierende Landbrücke den amerikanischen Kontinent entdeckt und besiedelt hatten, war die Vielfalt der Großtiere passé. Was die ersten Europäer bei der Kolonisierung Amerikas antrafen, war nur noch ein kläglicher Überrest der Großtierfauna, die aus erdgeschichtlicher Perspektive betrachtet noch kurz zuvor die Prärien bevölkert hatte. Ausgelöscht von den Naturvölkern, denen wir Europäer gern ein Leben im Einklang mit der Natur andichten.

In Südamerika war das Aussterben der Großtiere am extremsten. Hier verschwanden gleich siebenundzwanzig teils mehrere Tonnen schwere Pflanzenfresser, nachdem der *Homo sapiens* erschienen war. Heute ist der größte Pflanzenfresser Südamerikas der Tapir, der nicht viel schwerer ist als ein Rothirsch.

Spätestens im Holozän wird also jeder Winkel der Welt von uns Menschen erobert. Wo auch immer »wir« auftauchen, dauert es nur ein paar Jahrhunderte, bis die Megafauna verschwindet. Und immer verschwinden die großen Arten zuerst. Nur in Afrika konnten sich die meisten Arten behaupten. Vielleicht weil sich der Mensch auf dem afrikanischen Kontinent über die letzte Jahrmillion zum Jäger entwickelte und die Wildtiere Zeit hatten, sich an diesen neuen

»Player« im Ökosystem anzupassen. Ansonsten soll uns dieser Aspekt nicht weiter beschäftigen. Ob von geschickten Steinzeitjägern dahingerafft oder nicht, für unsere Betrachtungen von Wildnis in Mitteleuropa spielt das keine Rolle. Unbestreitbar ist, dass es seit jeher eine Megafauna in Mitteleuropa gab, die auf die Landschaft einwirkte. Bis sie sich von der ausgehenden letzten Kaltzeit an langsam auflöste.

In der danach anbrechenden Warmzeit, die unser Zeitalter werden sollte, kamen die Großtiere der Warmzeit nicht zurück, um das Land in Beschlag zu nehmen, so wie es Dutzende Male in Zeiten eines sich wandelnden Klimas gewesen war. Altelefant, Steppennashorn, Breitstirnelch, Wildpferd, Europäischer Esel und Wasserbüffel waren zwar noch nicht ganz ausgerottet. Aber sie lebten in kleinen Restpopulationen und zuletzt als versprengte Einzeltiere in immer abgelegeneren Gegenden. Sie überdauerten in Rückzugsgebieten, die sicher nicht in erster Linie ihren Lebensraumansprüchen entsprachen, sondern in denen sie nicht so leicht vom Menschen verfolgt werden konnten. Weil man sie schließlich eben nur noch dort antraf, entstand die Mär, dass etwa Auerochsen bevorzugt in unzugänglichen Auwäldern und Sümpfen leben würden, bis der letzte seiner Art im Jahr 1627 in Polen erlegt war.

Der Wisent hat es mit einer Handvoll Individuen

sogar bis in die Jetztzeit geschafft. Und es sieht so aus, als sei er dank Wiederansiedlungen und internationalem Zuchtbuch vorerst gerettet worden. Allerdings hat er schon lange keinen Einfluss mehr auf die Landschaft. Es bedarf großer Herden und enormer Stückzahlen, damit Pflanzenfresser auf eine Weise auf die Landschaft einwirken, dass sie zu einer artenreichen Wildnis wird.

Eines der für meinen Geschmack schönsten Wildnisgebiete Deutschlands ist die Döberitzer Heide bei Berlin. Sie ist im Besitz der Heinz Sielmann Stiftung und dreieinhalbtausend Hektar groß. Etwa die Hälfte davon bildet die sogenannte Kernzone, um die sich ein massiver Elektrozaun spannt, weil hier die potenziell gefährlichen Wisente leben, nebst Przewalskipferden, Rothirschen, Wildschweinen und Wölfen. Zwar sind es mittlerweile mehr als hundert der urigen Wildrinder, aber dennoch sind es zu wenige, um den offenen Charakter des Gebietes zu erhalten.

Damit zweitausend verschiedene Käfer-, zweihundertfünfzig Wespen-, zweihundert Wildbienen-, zweihundert Vogel- und fünfzig Säugetierarten nicht ihren Lebensraum verlieren, müssen nach wie vor vom Menschen Sträucher und Bäume entfernt werden. Das Durchforsten eines Wildnisgebietes mag im ersten Moment widersinnig erscheinen. Doch ist der Plan, dass sich die Wisente weiter vermehren und irgendwann in der Lage sind, das Gebiet nachhaltig zu beweiden und zu gestalten. Idealerweise würde man zu diesen echten Wildtieren noch robuste Hausrinder auswildern. So käme man noch schneller an den Punkt, an dem ausreichende Beweidung ein Höchstmaß an Biodiversität erzeugt. So oder so, das Gleichgewicht, das sich erst noch einstellen muss, gilt es nachfolgend zu bewahren. Das Beispiel der Döberitzer Heide wird zeigen, wie viele Großtiere eine Landschaft verträgt, und es zeigt jetzt schon, wie viele Pflanzenfresser-Individuen sie benötigt, um als Lebensraum für ein Maximum an Organismen zu dienen.

Dass wirklich große Stückzahlen freilebender Wisente hierzulande für alle Zeiten unvorstellbar sind, dürfte jedem klar sein. Nordamerika hingegen hat den Platz für große Bisonherden, und zurzeit wird eifrig an der Wiederherstellung der Prärie unter der Pflege dieser charismatischen Wildrinder gearbeitet. Am Ende des 19. Jahrhunderts hatten in den USA weniger als fünfhundert Bisons überlebt. Heute sind es wieder mehr als dreihundertfünfzigtausend Exemplare, Tendenz steigend. Beim europäischen Wisent waren Anfang des letzten Jahrhunderts noch gut fünfzig Tiere übrig. Heute sind es nicht viel mehr als siebentausend.

Ein vergleichsweise magerer Zuwachs, der einerseits dem Umstand geschuldet ist, dass wir in Europa weniger Fläche zur Verfügung haben. Andererseits fehlen vielleicht auch der Mut und die Vision, weitläufige Weidelandschaften auszuweisen oder bestehende Prozessschutzgebiete zu bestimmen, in denen große Stückzahlen von *Bos bonasus* grasen können.

Selbst das letzte freilebende, das heißt nicht domestizierte, etwas größere Säugetier, der Rothirsch, darf sich in Deutschland weder frei vermehren noch nach Belieben wandern. Deutschland ist aufgeteilt in rotwildfreie Zonen und sogenannte Rotwildgebiete, außerhalb derer jeder Hirsch abgeschossen wird. Vorreiter in diesem restriktiven Rotwildmanagement sind Bayern und Baden-Württemberg. In den meisten Waldgebieten Süddeutschlands leben daher gar keine großen Pflanzenfresser mehr. Nur noch Rehe, die in der Gewichtsklasse des Bibers rangieren und schwerlich als Großtiere zu bezeichnen sind. Wo sie ihren natürlichen Ernährungsgewohnheiten folgen und an Trieben und Zweigen junger Bäume fressen, wird schnell von »Wildverbiss« gesprochen und von überhöhten Schalenwildbeständen. Eine Sicht, die selbstverständlich plausibel ist, wenn man den Wald als Forst begreift, der wie ein Getreidefeld in erster Linie der Produktion und dem Profit dient.

Ich möchte auch keine Schnecken in meinem Erdbeerbeet haben! Ich weiß aber, dass Erdbeere und Schnecke in der Natur zusammengehören und sogar bis zu einem gewissen Grad aufeinander angewiesen sind: Die eine ernährt die andere, während die andere (die Schnecke) die eine (die Erdbeere) über die unverdaut wieder ausgeschiedenen Samen verbreitet.

Auch beim Thema Rothirsch und »Verbiss« müsste zunächst klar getrennt werden zwischen Plantage und Natur, zwischen Forst und Wald als Lebensraum. Begriffe, die nicht ausreichend unterschieden werden.

Die Erzeugung von Nahrungsmitteln und Holz als nachwachsendem Rohstoff hat eine hohe Priorität für uns Menschen. Der Anbau von Bäumen folgt kommerziellen Zielsetzungen, kann aber durchaus naturnah und umweltverträglich sein, wenn Totholz im Wald bleiben darf und ein Teil der alten Bäume nicht geerntet wird. So wie bei einem Getreidefeld, auf dem keine Pestizide gespritzt werden und das wildlebenden Tieren einen Lebensraum bietet. Aber eines können Acker und Forst nicht: Sie sind keine ursprüngliche Natur. Wenn man diese Flächen sich selbst überlässt, entwickelt sich weder aus dem Weizenfeld noch aus dem Forst eine artenreiche Wildnis. Erst wenn alle wichtigen natürlichen Prozesse ablaufen, die eine ursprüngliche Natur ausmachen, kann Wildnis entstehen. Dabei sind die großen Pflanzenfresser als Landschaftsgestalter mindestens so unersetzlich wie die Insekten als Bestäuber, die Nagetiere und Vögel als Samenverbreiter oder die Kleintiere des Bodenlebens als Räumkommando für organische Abfälle.

Wenn aber die großen Pflanzenfresser im Naturhaushalt so unersetzlich sind und bereits vor Jahrtausenden von unseren mit frühen Fernwaffen ausgerüsteten Vorfahren eliminiert wurden, warum gibt es dann überhaupt noch eine so große Artenvielfalt bei uns? Was hat sie so lange am Leben erhalten?

Die Antwort lautet einmal mehr: große Pflanzenfresser. Allerdings nicht die wild lebenden Arten wie Altelefant, Steppenbison, Auerochse, Europäische Wasserbüffel und Riesenhirsch. Sondern die Rinder, Pferde, Esel, Schweine und Ziegen der Bauern. Über Jahrtausende war es selbstverständlich, die Nutztiere in der Umgebung des Hofes oder des Dorfes weiden zu lassen. Einfacher und günstiger war die Ernährung der Arbeitstiere und der Milch- und Fleischlieferanten nicht zu haben.

Die Haustiere waren zwar sicher weniger zahlreich und vor allem artenmäßig weniger vielfältig als die wilde Megafauna von einst. Doch sie lieferten im Großen und Ganzen dieselben »Ökosystemdienstleistungen«, wie es Camilla vom Mols-Labor in Dänemark gerne ausdrückt. Auch Nutztiere fressen und trampeln und suhlen und düngen, und in ihrem Fell reisen ebenfalls Pflanzensamen von Weide zu Weide.

Der große Artenrückgang, insbesondere das Aussterben von ehemals häufigen Spezies, begann hierzulande vor etwa zweihundert Jahren, als die Behörden begannen das Land in Wald und Nicht-Wald aufzuteilen. Als die Waldweide gesetzlich verboten wurde und man Wälder nicht mehr als Hutewälder nutzte. Als die Weidetiere peu à peu zunächst hinter Zäune und später in Ställe gesperrt wurden. Aus der Zeit um 1900 liegen Daten für die Anzahl landwirtschaftlicher Nutztiere vor. Demnach gab es damals in Deutschland etwa dreimal so viele Rinder und Pferde wie heute. Und sie grasten alle – wenigstens zeitweise – in Feld und Flur.

Wir machen uns meist keine Vorstellung davon, welcher Wandel sich seitdem vollzogen hat. Rinder sind von Natur aus wandernde Herdentiere mit einem komplexen Sozialleben. Heute stehen sie in halbdunklen Ställen, bekommen anstelle von frischen Kräutern Silage serviert und haben keine Chance mehr, durch ihr angeborenes Tun die Biodiversität zu fördern und dabei Boden und Atmosphäre zu schützen. Stattdessen werden sie als Klimakiller verteufelt, weil die Verhältnisse der Massentierhaltung einen unstrittig negativen Effekt auf die Erderwärmung haben. Ein Umstand, dem Graslandforscherin Anita Idel ein ganzes Buch gewidmet hat.

Fakt ist, dass die ökologisch eigentlich so wichtigen Rinder noch da sind. Dass wir sie nur nicht optimal halten und einsetzen. In dieser Erkenntnis liegt eine riesige Chance, eine geradezu frohe Botschaft! Wenn wir nämlich anerkennen, dass die mächtigen Knochen großer Pflanzenfresser, die Forscher auf allen Kontinenten und in allen Landschaften finden, nicht zu irgendwelchen prähistorischen Fabelwesen gehören, die als kuriose Einzelerscheinungen hie und da durch die graue Vorzeit spazierten. Dass sie vielmehr von Wildnis zeugen, die von den Polen bis in die Tropen, zu Wasser und zu Lande, von den Ebenen bis in die Berge voller Leben in allen Größenordnungen war. Dass die sechzehn Warmzeit-Arten, die es im Eem bei uns, zwischen Ostsee und Alpen, gab, sich auch heute noch bei uns wohlfühlen würden.

Naturschutz erschöpft sich dann nicht länger im traurigen Verwalten von übrig gebliebenen Resten schützenswerter Natur, die gemäht, abgebrannt, ausgebaggert, entbuscht oder auf sonstige Weise künstlich gepflegt werden müssen. Wenn wir all dies verstanden haben, dann gibt es nur noch einen Weg: Wo immer es gesellschaftlich und wirtschaftlich möglich ist, müssen Großtiere hinaus in die Landschaft. Mindestens Rinder; besser noch Rinder und Pferde und Wasserbüffel und je nach Lebensraumtyp weitere kleinere Arten. Moderner Naturschutz muss das Wiederinstandsetzen von Ökosystemen mit all seinen natürlichen Prozessen und Beteiligten bedeuten. Das Schaffen von neuer Wildnis, die der alten, verlorenen möglichst ähnlich ist. Ein Ansatz, der perfekt zur aktuellen »UN-Dekade zur Wiederherstellung von Ökosystemen« (2021–2030) passt, für die ich offiziell Botschafter sein darf. Bleibt zu hoffen, dass die neue Dekade erfolgreicher verläuft als die zurückliegende UN-Dekade »Biologische Vielfalt«, deren Ziele nicht nur hierzulande weit verfehlt wurden.

Ökosysteme wiederherzustellen ist im Naturschutz das oberste Gebot. Die Funktionsfähigkeit und damit der Wert der wiedererwachten Lebensräume hängt, wie ich oben schon ausgeführt habe, davon ab, wie viele natürliche Prozesse ablaufen. So müsste man eigentlich nach Landschaften Ausschau halten, die in diesem Punkt das meiste zu bieten haben. Doch genau da stehen wir uns mitunter selbst im Weg.

Die Fehlannahme von einst, dass unsere Natur von Haus aus weitgehend Wald wäre, hat dazu geführt, dass wir offene Lebensräume als durch und durch künstlich entstandene Kulturlandschaften ansehen. Weil nun aber scheinbar paradoxerweise so viele Arten in den verschiedenen, angeblich unnatürlichen, waldfreien Habitaten leben, hat es zum Beispiel die Mähwiese in die offizielle Liste der heimischen Biotoptypen geschafft und steht dort neben Mooren, Sümpfen und Wäldern mit eigenen Katalognummern. Etwa als LRT (Lebensraumtyp) 6510 »Magere Flachland-Mähwiese« oder als LRT 6520 »Berg-Mähwiese«. Bei jeder Mahd wird jedoch das gesamte Blütenangebot entfernt, dabei kommen massenhaft seltene Insekten zu Schaden, und nachher werden mit dem Mähgut ihre Eigelege abtransportiert. Klingt alles nicht gerade nach Schutz der Natur. Ist es auch nicht, sondern nicht mehr (und nicht weniger) als einigermaßen naturfreundliches Wirtschaften. Selbst wenn, wie in Schutzgebieten üblich, nur zweimal im Jahr gemäht wird.

Unter der Wiederherstellung von Ökosystemen stelle ich mir mehr vor als das Kopieren von althergebrachten Produktionsweisen, nur weil die immerhin eine gewisse Artenvielfalt beherbergen. Ich will mehr! Ich will die ganze Artenvielfalt sehen, die ein Ökosystem dort hervorbringen kann, wo heute der LRT 6510 und die anderen Mähwiesen sind. Dass es im Einzelfall aus Artenschutzgründen richtig ist, traditionelle

Nutzungskonzepte wie Mähen beizubehalten, bleibt unbenommen. Vor allem aus botanischer Sicht sind Mähwiesen für all jene Arten wertvoll, deren Biologie mit dem Mähregime zusammenpasst. Sind darunter etwa vom Aussterben bedrohte Orchideen, wären Experimente wie die Umstellung von Mahd auf Beweidung möglicherweise gefährlich und im Einzelfall verantwortungslos. Dennoch lohnt es sich immer, das Mähen im Naturschutz zu hinterfragen und zu überlegen, ob man mit den zahllosen Vorteilen der Beweidung nicht wesentlich mehr Arten fördern kann, ohne auch nur eine einzige zu verlieren. Von Weideflächen, die förmlich übersät sind mit mehreren Orchideenarten, will ich später noch erzählen.

Wo immer gemäht wird, leidet die Tierwelt. Dr. Herbert Nickel, Botaniker, Ökologe und Deutschlands führender Zikadenexperte, hat die wertvollsten Mähwiesen im Land mit den wenigen verbliebenen, historisch alten Weiden verglichen. Er hat festgestellt, dass auf Letzteren bis zu zehnmal so viele der sechshundertfünfzig heimischen Zikadenarten leben als auf den wertvollsten Flächen, die vom Naturschutz gemäht werden. Und das liegt auch nahe. Nach jeder Mahd liegen alle Pflanzen auf dem Boden und verdorren. Jene Zikaden, die in die Stängel der Gräser und Kräuter kleine Löcher bohren, um ihre Eier darin abzulegen, verlieren schlagartig ihren Nachwuchs. Insekten, die ihre Eier in den Wiesenboden legen, haben dieses Problem zwar nicht. Aber ihnen fehlen nun die Versteckmöglichkeiten. Auch ist die Nahrung aller Pflanzensaftsauger und Blütenbesucher auf einmal verschwunden, und es dauert Tage oder Wochen, bis sich in der gemähten Wicse wieder bunte Blumen zeigen und Nektar und Pollen anbieten.

Ganz anders auf der Wilden Weide. Immer gibt es kurzgefressene und langgrasige Bereiche nebeneinander. Das bietet allen möglichen Arten einen Lebensraum, ganz gleich ob sie eine kurze Vegetation bevorzugen oder eher lange Halme. Auch gibt es fast die gesamte Vegetationsperiode über ein pausenloses Angebot an Blüten. Schmetterlinge, Fliegen, Bienen und andere Nektarliebhaber kommen immer auf ihre Kosten. Ein Teil der Gräser und Kräuter wird gar nicht gefressen und bleibt über den Winter stehen. In dem Maße, wie die Großtiere die Vegetation abweiden, konzentrieren sich eierlegende Insektenweibchen auf die verbliebenen Stängel, die am Schluss voller Gelege sind von Heuschrecken, Wanzen, Zikaden und anderen Sechsbeinern. Nickel hat zudem beobachtet, dass sich sehr viele Insekten auf weideresistente Pflanzen spezialisiert haben.

Und das sind ja noch lange nicht die einzigen Unterschiede zwischen Mähwiese und Wilder Weide. Dort, wo Großtiere grasen, stört eine Steinschüttung oder ein umgestürzter Baum nicht. Auch eine Kette von Maulwurfshaufen oder ein Fuchs- oder Dachsbau ist kein Hindernis, weil keine Mähmaschine damit zurechtkommen muss. Sie alle sind vielmehr wertvolle Bereicherungen für den Lebensraum. Allein unsere Entscheidung, ein Stück Grasland künftig als Mähwiese nutzen zu wollen, zwingt uns, bereichernde Elemente wie Steine, Büsche, Tümpel und andere »Hindernisse« einzuebnen und zu zerstören, damit die Fläche mit Maschinen befahrbar wird.

Der Vergleich macht schnell klar, warum auf einer regelmäßig gemähten Fläche wesentlich weniger Arten leben können als auf einer Ganzjahresweide, auf der die dynamischen Prozesse von Wachsen und Abgefressenwerden wie in Zeitlupe ablaufen und dabei in einem Gleichgewicht sind. Auf einer solchen Weide existiert ein Maximum an den oft genannten »ökologischen Nischen«. In der Folge lebt hier auch ein Maximum an Arten.

Letztlich ist die Mähwiese dem Wald, wie wir ihn kennen, in einigen Punkten ziemlich ähnlich. In beiden Fällen handelt es sich um eine unnatürliche, gleichförmige Nutzfläche. Ihre Wirtschaftlichkeit geht einher mit einer Verarmung der Flora. Und damit der

Fauna. Wald und Wiese bieten zahlreichen spezialisierten Arten ein Zuhause, aber sie beide schöpfen das Potenzial des Lebensraumes nicht aus.

Sensen und Mähmaschinen gibt es ja erst, seitdem der Mensch sie erfunden hat. Die Artengemeinschaften des Offenlandes waren aber schon da, lange bevor der *Homo sapiens* auftauchte. Die Überreste von Pflanzen und Tieren, die das Offenland zum Leben brauchen, finden sich in denselben Schichten, in denen auch die Knochen von Auerochsen und Wildpferden gefunden werden, nebst Teilen von Geweihträgern, Rüsseltieren und anderen. Camilla Fløjgaard vom Mols-Labor erzählte mir bei meinem Besuch begeistert, dass die dänischen Forscher in Flusssedimenten aus der Eem-Warmzeit, die vor einhundertfünfzehntausend Jahren endete, jede Menge Überreste von Mistkäfern gefunden hätten, die heute in Dänemark selten sind oder gar nicht mehr vorkommen. Der stattliche Mondhornkäfer war häufig unter den Funden. Er und andere Arten sind ein weiteres eindeutiges Indiz dafür, dass die Landschaft damals erstens offen und zweitens von zahlreichen Großtieren bevölkert war. Sonst hätte es den wohl imposantesten Mistkäfer Mitteleuropas dort nicht gegeben.

Auch bei uns war und ist der Mondhornkäfer zu Hause. Er hat, wie viele andere Arten auch, den fundamentalen Wandel überlebt, bei dem die großen Wildtiere verschwanden und durch die Nutztiere der Menschen ersetzt wurden. Ob er auch die Jetztzeit überdauert, in der die allermeisten extensiven Weiden aufgegeben und die Weidetiere in Ställe gesperrt sind? Dem Mondhornkäfer und den vielen Tausend anderen Arten, die im Gefolge der Großherbivoren existieren, ist es »egal«, von wessen Dung sie leben, wer ihre Sonnenplätze freihält, wer da beim Suhlen flache, warme Tümpel anlegt. Der Unterschied in den ökologischen Effekten bei der Beweidung durch Hauspferde und bei jener durch ausgerottete Wildpferde sind sicherlich zu vernachlässigen. Ob der verschwundene Europäische Wasserbüffel ein Gewässerufer frei von Schilf und Rohrkolben hält oder der Hauswasserbüffel aus den Karpaten, ist für Frösche und Libellen ohne Belang, wenn sie sich am Teichufer sonnen. Ob sich Heerscharen schmackhafter Mistkäferlarven in den Dunghaufen von Auerochsen oder vom Harzer Rotvieh entwickeln, spielt für käferfressende Singvögel und Fledermäuse keine Rolle.

Was die Artengemeinschaften ökologisch wertvoller Landschaften angeht, müssen Naturschützer vielleicht eine neue Warte einnehmen. Sie sollten nicht länger jede Art, die nicht autochthon ist, das heißt von Natur aus hier vorkam, ablehnen. Besonders dann, wenn sie eine ähnliche und nahverwandte Art ersetzt und deren Rolle im ökologischen Gefüge einnehmen kann. Bei anderen Tieren und Pflanzen, etwa fast allen Feldfrüchten, sind wir schließlich auch sehr tolerant, ja geradezu unkritisch.

Was vor der Entdeckung Amerikas hierzulande angesiedelt wurde, gilt gemeinhin als heimisch. Der Fasan zum Beispiel oder der Karpfen. Und das Schaf. Dabei gab es niemals in der wechselvollen Geschichte des Eiszeitalters Pflanzenfresser vom Schafstypus nördlich der Alpen, zumindest im Flachland. Gämsen und Steinböcke, die ebenfalls der Schafsverwandtschaft angehören, sind ausgesprochene Gebirgstiere. Und auch die Vorfahren des Hausschafs lebten in ihrer vorderasiatischen Heimat in felsigen und kargen Lebensräumen. Hier entwickelten sie ihre Ernährungsgewohnheiten, die sich in einer Vorliebe für Blütentriebe und andere besonders energiehaltige Pflanzenteile äußern. Anders als Rinder und Pferde, die das Grünzeug mit der Zunge beziehungsweise mit den Lippen abrupfen, beißen Schafe die Futterpflanzen mit den Zähnen und ziemlich weit unten ab. Auf so manchem Trockenrasen im Flachland, dessen Pflanzengemeinschaften in ihrer Entwicklungsgeschichte keine Schafe »kennenlernen« und sich deswegen nicht anpassen konnten, führt das zu einem wenig wünschenswerten Effekt: Die Blumen werden weniger, und hartstängelige Gräser breiten sich aus.

Viele Kalkmagerrasen wurden einst vorwiegend mit dem wichtigsten aller Nutztiere beweidet, dem Rind. Das lässt sich in Heimatmuseen und Stadtarchiven anhand von alten Karten und Aufzeichnungen für viele Naturschutzgebiete nachweisen. Im Rahmen der Agrarreformen zu Beginn des 19. Jahrhunderts, die den Grundstein für die spätere Industrialisierung der Landwirtschaft legte, verschwanden die Rinder nach und nach von diesen Flächen, die daraufhin umgebrochen, aufgeforstet oder fortan gemäht wurden. Auch das lässt sich leicht belegen, wenn man alte Fotografien mit dem heutigen Erscheinungsbild vergleicht. Zur selben Zeit kam der Naturschutzgedanke auf, aber erst viel später erkannte man, dass die Veränderung dieser Trockenhänge mit dem Verlust vieler seltener Arten einhergeht.

Vereinzelt begann man damit, die Beweidung neu zu organisieren. Jedoch wurden die Rinder nun im Stall gehalten, und der Beruf des Rinderhirten existierte nicht mehr. Zur Beweidung der Flächen verpflichtete man die Wanderschäfer, weil sie nach wie vor verfügbar waren. Beweidung ist Beweidung, dachte man sich wohl und richtete keinerlei Augenmerk auf die völlig unterschiedliche Art und Weise, wie Rind und Schaf fressen.

Herbert Nickel, der Zikadenforscher, hat viele Kalkmagerrasen untersucht. Er ist überzeugt, dass die Anzahl und Zusammensetzung der Zikadenarten in einem Lebensraum Auskunft darüber gibt, wie intakt er ist. Herbert machte mich auf den Umstand aufmerksam, dass die letzten von Rindern beweideten Magerrasen des Flachlandes Blüten- und Insektenparadiese sind, während mit Schafen beweidete, vergleichbare Trockenhänge oft regelrecht kahlgefressen sind und einem monotonen Meer aus Gräsern gleichen, was sich nicht nur auf die Zikadenfauna negativ auswirkt. Dabei spielt eine Grasart eine besondere Rolle, nämlich die Aufrechte Trespe *Bromus erectus*. Sie wird von den Schafen nicht gefressen und breitet sich aus. Besonders dort, wo die Schafbeweidung nicht als regelmäßige und quasi »darüber huschende« Hut durchgeführt wird, sondern in immer konzentrierteren Weidegängen mit Koppelhaltung. Je mehr sich die Trespe auf der Magerwiese verbreitet, desto seltener werden andere Gewächse, und die Insektenvielfalt schwindet.

Von Natur aus wachsen viele der kleinen Blütenpflanzen, die typisch sind für trockene Magerwiesen, ganz flach am Boden. Sie entfalten ihre Blätter kranzförmig als liegende Rosette, aus deren Mitte sie später Blütenstände in die Höhe schieben. Die ersten paar Zentimeter über dem Wiesenboden gehören seit Jahrmillionen diesen Pflanzen, weil die natürlicherweise vorkommenden großen Pflanzenfresser ihre Nahrung nicht so knapp über dem Boden abweiden. So wie wir es heute bei einem Rind auf der Weide beobachten können, wenn es mit der Zunge ein Büschel Grünzeug umfasst und abrupft. Rinder und Pferde fressen vieles, was da aufrecht wächst, besonders die Gräser. Die Rosettenpflanzen am Boden verlieren dabei vielleicht ihren Blütenstand, auch mal ein Blatt, bleiben aber im Großen und Ganzen verschont. Das ist die Daseinsnische vieler Blütenpflanzen des mageren Grünlands.

Wenn nun die Schafe, von Natur aus darauf geeicht, Zartes und Schmackhaftes aus der kargen Vegetation ihres Lebensraumes herauszulesen, zur Biotoppflege Magerwiesen beweiden, verkehrt sich die gute Absicht, und aus mancher artenreichen, bunt blühenden Fläche wird ein immer monotoneres Grasland, das im Juni aussieht wie ein Getreidefeld, in dem Abermillionen Grasschopfe auf silbrig-grünen Halmen im Wind hin und her wogen.

Schon von Weitem erkennt man diese verarmten Trockenrasen. Sie sind immer noch ein Zuhause für viele seltene Pflanzen, Pilze und Tiere, und es ist zweifellos besser, solche Gebiete mit Schafen zu beweiden, als sie sich selbst zu überlassen. Dennoch bleibt der Unterschied zwischen einer extensiven Rinderweide und einer vergleichbaren Fläche, die von Schafen beweidet wird. Darauf hat mich Herbert Nickel immer wieder hingewiesen, bis ich es erkannt und verstanden habe.

Ich bin mein Leben lang ein glühender Naturschützer gewesen, bin es bis heute, und hatte früh gelernt, dass Mahd und Schafsbeweidung die richtigen Maßnahmen sind, um die bayerischen Kalkmagerrasen zu erhalten. Ich hatte mir jedoch nie Gedanken darüber gemacht, wie diese Gebiete in historischer Zeit beweidet wurden. Und auch nicht darüber, was auf diesen Flächen war, bevor der Mensch sie in Besitz nahm. Früher unterlag ich auch der falschen Annahme, dass die leichten Schafe besser für einen schützenswerten Lebensraum sind, weil sie weniger Trittschäden verursachen als die schwereren Rinder. Oftmals dürfte jedoch genau das Gegenteil der Fall sein. Wo der Boden durch die Hufe großer Pflanzenfresser geöffnet wird, können konkurrenzschwache Gewächse keimen, Wildbienen ihre Brutstollen anlegen und Käfer und andere Kleintiere Zuflucht finden. Und wieder gilt: Es spielt keine Rolle, ob die Hufe Steppenbisons, Auerochsen, Wildpferden und anderen wilden Pflanzenfressern gehörten oder von Hausrind und Arbeits- beziehungsweise Reitpferd stammen. Die Megaherbivoren schaffen und erhalten den Lebensraum der Magerrasenbewohner und bedrohen ihn nicht, nur weil sie groß und schwer sind.

Verteufeln darf man die wolligen Mähmaschinen dennoch nicht! Für viele Naturschutzgebiete wird auch in Zukunft die Beweidung mit Schafen der einzig gangbare Weg sein, der Verbuschung und damit einer Verödung entgegenzuwirken. Die zunehmende Ausbreitung von Gehölzen, die unweigerlich zur Bewaldung jedes Offenlandbiotopes führt, wenn die tierischen Gegenspieler der Pflanzen fehlen, ist das Schlimmste, was der Artengemeinschaft der Magerrasen passieren kann. Und welche Weidetiere es auch immer sind, es kommt stets auch auf ihre Anzahl an und auf die Intensität der Beweidung, also die Zeit, die die Pflanzenfresser auf der Fläche verbringen. Und das können – und müssen – wir Menschen in den letzten geschützten Naturparadiesen eben steuern.

In der Natur ziehen die Tiere fort, sobald die Nahrungsressource zur Neige geht. Sobald der Energieaufwand, der nötig ist, um an einem Ort satt zu werden, zu groß wird oder nur noch schlecht schmeckende oder sogar giftige Pflanzen verfügbar sind. In einer Art »Kosten- und Nutzenrechnung« kommt früher oder später der Punkt, an dem es sich lohnt, weiterzuziehen und neue Weidegründe zu erschließen.

So wie die Zebras, Gnus und andere Huftiere in den Savannen Afrikas haben auch unsere großen Pflanzenfresser einst Wanderungen unternommen, um Regionen zu erreichen, die für eine bestimmte Zeit günstige Lebensbedingungen boten. Das betrifft auch den Rothirsch, besser gesagt, es beträfe den Rothirsch. Im Sommer sind lichte Bergwälder ein geeigneter Lebensraum für ihn. Wenn der Winter kommt, müssen – besser gesagt, mussten – die Tiere die Höhenlagen verlassen und ins Flachland ziehen, wo nicht so viel Schnee fällt und Nahrung in Form von Gräsern, Zweigen und Knospen erreichbar ist.

Vor langer Zeit müssen jeden Herbst riesige Herden der Geweihträger, den Flüssen in ihren Auen folgend, aus den Berglagen ins Flachland gezogen sein, ob im Harz, im Bayerischen Wald oder in den Alpen. Diese Wanderungen gibt es heute nicht mehr. Die Tiere würden zu Füßen der Berge bald land- und forstwirtschaftlich intensiv genutztes Land erreichen, wo sie verständlicherweise nicht geduldet werden. Verlassen sie auf dem Weg in ihre natürlichen Winterlebensräume die vom Menschen verordneten »Rotwildgebiete«, werden sie dort, wo sie seit Jahrmillionen die kalte Jahreszeit verbracht haben, als Schädlinge verfolgt und abgeschossen.

Das führt zu dem geradezu grotesken Umstand,

dass die Rothirsche besonders in süddeutschen Nationalparks im Winter gefüttert werden, damit sie das Gebiet nicht verlassen und im umgebenden Wald und auf den forstlichen und landwirtschaftlichen Flächen im Umland keinen Schaden anrichten. Wieder einmal messen wir Mitteleuropäer mit zweierlei Maß. Während wir uns von den Einwohnern der Länder im südlichen Afrika wünschen, dass sie Elefanten und andere Wildtiere in ihrem Lebensraum dulden und individuelle Wege zur Konfliktlösung zwischen Landwirtschaft und Großtier finden, schließen wir unseren letzten größeren Pflanzenfresser aus weiten Bereichen seines angestammten Lebensraumes aus.

Wie es uns die Rothirsche noch heute vorführen würden, dürften sie es denn, sind einst sicher auch Herden von Auerochsen, Steppenbisons, Wildpferden, Riesenhirschen, Elefanten und anderen über die Hügel und Ebenen Mitteleuropas gezogen. Im Sommer, wenn es heiß und trocken war, trafen sich zahlreiche Großtiere in den kühleren und deswegen grüneren Höhenlagen. Im Winter zogen sie hinab in die Niederungen und in die Auen der großen Flüsse. Selbst mehrere Hundert Kilometer weit zu ziehen, ist für eine Pflanzenfresserherde kein Problem, solange sich der Aufwand für den Ortswechsel lohnt, weil es am Ende Wasser,

Nahrung und vielleicht ein angenehmeres Klima gibt. Und es gibt noch weitere Gründe, um weite Wanderungen quer durch Mitteleuropa zu unternehmen. In einer süddeutschen Kiesgrube, nicht weit von Freising bei München, haben Paläontologen Jahrmillionen alte Knochen von urtümlichen Nashörnern und Elefanten gefunden, dic radioaktiv strahlen, während die Umgebung der Knochen frei von Radioaktivität ist. Wie kann das sein?

Des Rätsels Lösung könnte eine Stelle mit radioaktiv strahlendem Salz sein, die von den Tieren vielleicht in bestimmten Abständen aufgesucht wurde. So, wie man es heute noch in Afrika beobachten kann, wo Elefanten und andere Pflanzenfresser große Strecken zurücklegen, um an die lebenswichtigen Mineralsalze zu gelangen.

Wandernde Großtierherden sind hierzulande wohl vorerst nicht mehr vorstellbar. In unserem dicht besiedelten, bebauten und von Verkehrstrassen zerschnittenen Land werden auf Dauer wir Menschen bestimmen, welche Tiere in welcher Anzahl wo leben. Welche Weidetiere wann, wo und wie lange fressen. Unter diesen Umständen ist das heute gültige Dogma in der Debatte um Wildnis, dass Zäune ein Ausschlusskriterium für die offizielle Ausweisung als Wildnisgebiete sind, in höchstem Maß kontraproduktiv. Wir brauchen im Mosaik unserer Landschaft sehr wohl Gebiete mit unauffälligen, pflegeleichten Weidezäunen, wie sie auch auf den Almen in den Bergen üblich sind. Zusammen mit Wildrosten, die ein Durchwandern und Durchfahren ermöglichen, ohne dass dabei der Zaun geöffnet werden muss, machen sie diese Gebiete durchlässig für Mensch und Tier. Und ermöglichen all die Ökosystemdienstleistungen, die Großtiere in der Landschaft mit sich bringen.

Auf diesen Flächen kann es natürlich leicht zu einer übermäßigen wie ebenso leicht zu einer unzureichenden Beweidung kommen, besonders wenn die Weiden klein sind. Um ein optimales, natürliches Gleichgewicht zu erreichen, in dem möglichst viele andere heimische Arten ebenfalls ein Zuhause finden, dürfen die Gegenspieler der Gehölze nicht zu viele sein, aber auch nicht zu wenige. Dieses Gleichgewicht stellt sich von Natur aus ein, wenn die großen Pflanzenfresser bei Nahrungsknappheit abwandern. Da es keine wandernden Herden von Megaherbivoren mehr bei uns geben kann, müssen wir Menschen uns der Verantwortung bewusst werden und die für unsere Natur systemischen Großtiere gezielt einsetzen und managen. Im Sinne des Schutzes der Biodiversität bedeutet das, Herden von Rindern und Pferden auf möglichst vielen, idealerweise miteinander vernetzten Schutzgebieten weiden zu lassen. Am besten das ganze Jahr über oder zumindest während der Vegetationsperiode. So, wie es überall in Europa einst gewesen war. Und wie es heute nur noch in Rumänien existiert.

In Transsilvanien, zu Deutsch Siebenbürgen, das sich, im Zentrum Rumäniens gelegen, in den Karpatenbogen schmiegt, sieht die Landschaft teilweise noch so aus wie bei uns vor zweihundert Jahren. Das erzählte mir einst Alois Kapfer vom Verein »Naturnahe Weidelandschaften e. V.« Im vergangenen Frühjahr durfte ich diese Landschaft nun selbst erleben. Die Häuser kleiner Ortschaften drängen sich an oftmals noch ungeteerten Straßen. Dahinter reihen sich kleine, aber üppige Gärten und Äcker aneinander. Ringsum ein breiter Gürtel aus bunt blühenden und herrlich duftenden Heuwiesen, auf denen das Winterfutter für das Vieh wächst. Und jenseits davon schließen sich endlos erscheinende Gemeinschaftsweiden an. Ein äußerst produktiver Lebensraum, der nicht nur Milch und Fleisch und Arbeitstiere für die Bevölkerung erzeugt, sondern auch ein Zuhause für die heimischen Wildtiere und Pflanzen ist.

Diese Allmende ist nicht Wald, nicht Wiese, nicht Buschland, sondern eine Mischung aus all dem. Eine Art von Wildnis, die alle an Naturlandschaften Interessierte staunen lässt. Es ist eine Wohltat für das Auge, dass die Vegetation, anders als bei uns, nicht nach Größe sortiert wächst: Hier nur Bäume (Wald), da nur Sträucher (Hecke), dort nur Gräser und Kräuter (Grünland). Auf den Wilden Weiden Transsilvaniens sind die Grenzen zwischen den Lebensräumen, die bei uns das Landschaftsbild bestimmen, aufgelöst. Habitate fließen ineinander, durchdringen sich und ergeben ein großes Ganzes. Ein gewaltiges Mosaik aus Teillebensräumen, in dem kein Mosaiksteinchen dem anderen gleicht. Pure Vielfalt mit tausend Nischen für zehntausend Arten.

Auf solchen Allmendweiden, wo Rinder, Wasserbüffel und Arbeitspferde grasen, kann man erleben, wie es vielerorts auch bei uns ausgesehen hat, als es noch keinen Artenrückgang und kein Insektensterben gab. Vor Jahrzehntausenden mögen die wilden Großtiere durch die halboffene Baumsavanne gezogen sein. Über ein paar Jahrtausende waren es dann Haustiere, die verhinderten, dass das Land mit Wald zuwächst. Erst als wir im 19. und 20. Jahrhundert das Vieh in die Ställe sperrten und auf Landkarten eintrugen, was Grünland, was Acker und vor allem was Wald ist – so als ob es naturgegebene Begrenzungen zwischen diesen Nutzungsformen gäbe –, hörte die Vielfalt auf zu existieren. Wald durfte fortan nicht einfach so gepflanzt werden. Und was einmal Wald war, musste per Gesetz Wald bleiben. Weidetiere in den Wald zu lassen ist bis heute in Deutschland verboten. Aus Sicht eines preußischen Forstbeamten im 19. Jahrhundert ein sinnvolles Gesetz, um die Holzproduktion im Land zu steigern. Aus Sicht eines aufgeklärten Ökologen von heute so bizarr und naturfeindlich, als würde man per parlamentarischem Beschluss die Fische im Fluss verbieten.

Wie in einer längst vergangenen Wildnis gibt es auf vielen transsilvanischen Weiden keine Zäune. Die Dorfgemeinschaften haben daher oft einen Hirten bestellt, der mit dem Vieh weitläufig um die Siedlungen zieht. Durch eine Landschaft, die so aussieht, als hätte jemand alles, was es an Biotopen gibt, durcheinandergewürfelt. Das Auffälligste sind die allgegenwärtigen Magerrasen, in denen unzählige verschiedene Kräuter wachsen, auch etliche Orchideen, wie das Kleine Knabenkraut oder das bei uns vom Aussterben bedrohte Wanzenknabenkraut. Dazwischen Myriaden von Rosettenpflänzchen, über denen auf langen, haarigen Stielen gelbe und blaue Blütenkörbchen thronen. Teilflächen sind kurz abgefressen, sodass man darüber laufen kann wie über einen blühenden Teppich.

Diese Magerrasen sind nicht durch unnatürliche, gerade Linien begrenzt, sondern haben alle denkbaren Formen, fügen sich in einen chaotischen Mix aus kurzrasigen und hochwüchsigen Bereichen. Dazwischen stachelige Weißdorn-, Rosen- und andere Gebüsche, auf denen Singvögel sitzen und singend ihr Revier anzeigen: Schwarzkehlchen, Neuntöter, Dorngrasmücken und viele andere. Auf umgestürzten Bäumen aalen sich Smaragd- und Zauneidechsen in der Morgensonne. Pracht- und Bockkäfer krabbeln umher, die sich im besonnten Totholz vermehren und die anderswo Raritäten sind.

Wo das Vieh häufig einen steilen Anstieg nimmt, ist der lehmige Boden nackt und übersät mit kleinen Löchern, vor denen eine Armada von kleinen Wildbienen schwärmt. Ölkäfer schleppen ihren massigen Körper über den Hang, auch solche Arten, die bei uns in Deutschland so gut wie ausgestorben sind, wie etwa der Kurzhalsige Ölkäfer *Meloë brevicollis*. Überhaupt äußert sich der Reichtum dieser wild anmutenden Weidelandschaften in der enormen Vielfalt und Häufigkeit von Insekten, die einem hier auf Schritt und Tritt begegnet, etwa der Mannigfaltigkeit der Tagfalter.

Im Mai 2022 durfte ich die rumänischen Dorfweiden erkunden, um einen prächtig orangefarbenen Schmetterling zu suchen. Wir begleiteten Jacqueline Loos, eine junge Professorin der Universität Lüneburg, mit der Kamera, um einen Film über den Orangeroten Heufalter *Colias myrmidone* zu drehen, der auch Regensburger Gelbling genannt wird. Die Landschaftsökologin und Schmetterlingsexpertin forscht an der nachhaltigen Nutzung natürlicher Ressourcen, interessiert sich von daher für die Landbewirtschaftung in Rumänien und ihre Auswirkung auf Natur und Umwelt. Und weil die traditionelle Weidewirtschaft auch in Transsilvanien starke Veränderungen erlebt, macht sie sich große Sorgen um den Orangeroten Heufalter alias Regensburger Gelbling. Denn der hängt auf Gedeih und Verderb von der Art und Weise ab, wie sein Lebensraum von den Menschen bewirtschaftet wird. Da stellt sich natürlich die Frage, wo der Falter gelebt hat, als es noch keine Menschen und keine Landbewirtschaftung gab.

Das ursprüngliche Verbreitungsgebiet des Gelblings reicht von der Ostsee bis ans Schwarze Meer, von Lettland bis nach Bulgarien. Die östlichen Länder Europas sagen dem Heufalter zu, weil er das kontinentale Klima mag mit seinen warmen Sommern. Außerdem gedeiht in diesem Klima die Futterpflanze seiner Raupen, der Regensburger Zwergginster. Wie der Namenszusatz »Regensburger« bei Ginster und Gelbling andeutet, sind beide eigentlich auch in Deutschland zu Hause, und zwar in Bayern. Einst flog der Regensburger Gelbling auf den Viehweiden um München, und bis vor etwa zwanzig Jahren fand man ihn auf den Kalkmagerrasen bei Regensburg an der Donau. Hier herrscht ein trockenwarmes Klima, und die Bedingungen für Zwergginster und den auf ihn angewiesenen Schmetterling sind ideal. Besser gesagt, waren ideal.

Schaut man in die Archive, kann man nachlesen, dass die Regensburger Kalkmagerrasen, bevor sie Naturschutzgebiete wurden, über Jahrhunderte als Dorfweiden genutzt wurden und dass auf ihnen vor allem Rinder grasten. Verhältnisse also, wie ich sie im Frühling 2022 in Rumänien beobachten konnte. Der Regensburger Ginster scheint eine besonders empfindliche Pflanze zu sein. Wenn auf einer Weide zu wenige Großtiere fressen, dann wird er von Buschwerk und Wald überwuchert und muss im Schatten der Gehölze verhungern. Während aber viele Pflanzen mit einer intensiven Beweidung ihres Lebensraumes zurechtkommen, verträgt der Ginster auch das nicht. Ein bisschen an ihm knabbern »geht in Ordnung«, aber wenn er zu sehr verbissen wird, beginnt der gelb blühende Ministrauch zu kümmern.

Aber auch der Regensburger Gelbling ist empfindlich, zumindest was seine Entwicklungsstadien Ei und Raupe betrifft. Das Gelblingsweibchen legt seine

Eier ausschließlich auf die Blattoberseite der äußeren Triebe ab. Hier verbleibt das Ei auf einem Ende stehend, bis nach etwa zwei Wochen das Räupchen schlüpft. Das wohnt in einem kleinen Gespinst an dem Trieb, an dem es geschlüpft ist, und frisst in seinen ersten Lebenstagen an den äußersten, exponierten Blättern des Zwergginsters. Erst wenn die Raupe nach ein bis zwei Wochen ordentlich herangewachsen ist, wird sie mobiler, saust auf dem Ginsterstrauch auf und ab und frisst mal hier und mal dort.

Zwar ist die grüne, längsgestreifte Raupe so gut getarnt, dass kaum ein Fressfeind sie entdeckt. Aber sie läuft Gefahr, dass sie mitsamt dem Ginstertrieb gefressen wird, wenn die Weidetiere kommen. Steigt der Weidedruck, weil zu viele Rinder über zu lange Zeit auf der Fläche stehen, erhöht sich die Wahrscheinlichkeit, dass die Raupe im Schlund eines Wiederkäuers verschwindet. Kommt jedoch eine Schafherde, ist die Gefahr noch größer, dass Eier und Raupen des Gelblings aufgefressen werden. Denn die Schafe suchen ja im Gegensatz zu Rindern oder Pferden ganz gezielt nach nahrhaften Blütentrieben, und ihnen schmeckt der Zwergginster. Erst wenn es ein Gelbling geschafft hat, nach eineinhalb Monaten des Daseins als Ei und Larve und einer anschließenden zweiwöchigen Ruhe aus der Puppe zu schlüpfen, ist er gegen die meisten

Bedrohungen gefeit. Er ist ein schneller Flieger, der für Insektenfresser sicher schwieriger zu erbeuten ist als andere Tagfalter.

So wählerisch der Regensburger Gelbling bei der Wahl der Futterpflanze für seinen Nachwuchs ist, so flexibel ist er, was die Nahrung des erwachsenen Falters angeht: Vom häufigen Rotklee bis zu seltenen Orchideen werden alle möglichen Blüten angeflogen, die einen Minischluck Nektar versprechen. Bis dahin aber ist er extrem gefährdet. Bei zu wenig Beweidung verschwindet die Futterpflanze. Zu viel Beweidung bedroht Eier und Raupen. Es scheint, als könne man es dem Regensburger Gelbling gar nicht recht machen. Allerdings: Wann auch immer seine Entwicklung als eigenständige Art begann, wann auch immer er sich auf eine besondere Raupenfutterpflanze spezialisierte, es war eine erfolgreiche Geschichte, denn der Falter ist ja noch da. Der Gelbling muss sich, lange bevor es Ackerbau und Viehzucht gab, in einem Lebensraum entwickelt haben, in dem große Tiere günstige Wachstumsbedingungen für den Ginster schufen, der fortan Dreh- und Angelpunkt für den Gelbling war.

Nachdem zu Beginn des Holozäns die wilden Großtiere immer seltener wurden, sorgte ab seiner Sesshaftwerdung der Mensch – freilich ohne es zu ahnen – für den Fortbestand des Ginsterlebensraumes. Er erhielt von da an durch seine Weidetiere, sprich mit Rindern und Pferden, das fragile Gleichgewicht aufrecht. Das ging so lange gut, bis das Vieh im 20. Jahrhundert aus der Landschaft verschwand und ab sofort ein Dasein in Ställen fristen musste. Die ostbayerischen Magerrasen wuchsen danach mit Büschen und Bäumen zu. Der Lebensraum des Regensburger Gelblings wurde immer kleiner.

Weil gleichzeitig auch viele andere Tiere selten wurden und Orchideen, Enziane, Silberdisteln und andere besondere Pflanzen auszusterben drohten, stellte man die verbliebenen Magerrasen unter Schutz. Nicht nur in Bayern, auch in Österreich erkannte man den Wert dieser offenen, trockenen Wiesenlebensräume auf den Kalkböden der Donauhänge und wies eine ganze Reihe von ihnen als Naturschutzgebiete aus. Was nach Sicherheit für alle Bewohner der Kalkmagerrasen klingt, war in Wirklichkeit das Todesurteil für den Orangeroten Heufalter.

In mancher Schutzverordnung, etwa in jener für den Eichkogel bei Mödling nördlich von Wien, stand einst sogar das explizite Verbot der Beweidung – zum Schutz der seltenen Flora. Zwanzig Jahre später erkannte man, dass Verbuschung und Verwaldung wohl das größere Problem für die wärmeliebenden Geschöpfe dieses Lebensraumes sind, und begann die

Flächen zu pflegen. Es vollzog sich dasselbe Drama wie überall. Die bedrohten Freiflächen wurden zunächst von Büschen und Bäumen befreit. Das kostete viel Arbeit und war im Effekt unbefriedigend, weil die empfindlichen Pflänzchen am Boden nach wie vor von Stauden und den ausschlagenden Gehölzen beschattet wurden. Also blieben nur das energieaufwendige Mähen und die Wiedereinführung der Beweidung. Da es aber keine robusten, das Hüten gewohnte Rinder und vor allem keine Rinderhirten mehr gab, griff man einmal mehr auf die Schäfer zurück. Und beachtete nicht weiter, wie unterschiedlich Schaf und Rind fressen und welche Folgen das für die Zusammensetzung der Flora haben würde. Heute ist der Orangerote Heufalter in allen Naturschutzgebieten Deutschlands und Österreichs ausgestorben, besser gesagt: ausgerottet.

Auf unserer Reise zu den rumänischen Weidelandschaften traf ich nicht nur Jaqueline Loos und Matthias Dolek, die beiden anerkannten Experten für den Regensburger Gelbling. Durch sie lernte ich außerdem László Rákosy kennen, einen Zoologieprofessor, der als bester Kenner der Schmetterlinge Rumäniens gilt. Wir verabredeten uns in einem Gebiet westlich von Cluj, dem alten Klausenburg, in dem der Orangerote

Heufalter noch in großer Zahl fliegt und wo es überhaupt vor bunten Tagfaltern nur so wimmelt.

László Rákosy bestätigte, dass es keineswegs nur darauf ankommt, dass beweidet wird, sondern auch auf die richtige Auswahl der Weidetiere. Er wurde fast schon zornig, als er davon erzählte, dass das Grünland in Transsilvanien immer öfter mit Schafen und nicht mehr wie zuvor üblich mit Rindern und Wasserbüffeln beweidet wird. »Wenn die Schafe kommen, dann geht der Schmetterling«, sprudelte es auf Deutsch aus dem Schmetterlingskundler mit dem schlohweißen Haar heraus. Sein Unmut kann nicht verhindern, dass sich in den rumänischen Kuhdörfern dieselbe Entwicklung vollzieht wie einst im Rest Europas. Als Erstes werden die Dorfhirten entlassen. Dann kommt das Vieh in die Ställe, die zurzeit wie Pilze aus dem Boden schießen. Die Rinderweiden werden fortan gemäht oder von Schafen abgefressen und verlieren bald ihren enormen Insektenreichtum. Von drei europäischen Schutzgebieten in Rumänien, die speziell für den Regensburger Gelbling eingerichtet wurden, waren bei unserem Besuch im Mai zwei in keinem guten Zustand. Auf den Flächen südlich von Cluj trafen wir im Schutzgebiet tatsächlich lauter Schafherden an und keine Rinder. Und keine Gelblinge.

Ein zweites Gebiet befindet sich weiter östlich, bei

Lăzarea, und liegt etwas höher, sodass bei den Gehölzen Nadelbäume vorherrschen. In diesem Schutzgebiet war die Beweidung offensichtlich aufgegeben worden, denn die braune, abgetrocknete Vegetation vom letzten Jahr war noch da und überzog den Hang wie ein brauner Filz. Außerdem hatte irgendjemand Dutzende kleiner Fichten gepflanzt, mitten im Natura-2000-Schutzgebiet und genau dort, wo die Regensburger Gelblinge traditionell ihre Eiablageplätze haben. Die Zwergginsterbüsche sind zwar noch da. Aber wie lange noch? Wenn die frisch gepflanzten Bäume erst einmal mannshoch sind, werden sie dem Ginster und dem Falter zunehmend das Licht und damit die Lebensenergie rauben. Dann ist ein weiteres Vorkommen des Regensburger Gelblings erloschen, wie so viele zuvor.

Der bedrohte Schmetterling und seine Futterpflanze, die nicht zu viel und nicht zu wenig Beweidung bedürfen, führen uns ein Dilemma vor Augen. Nämlich die feine Kalibrierung natürlicher Gleichgewichte, für die wir künstlich sorgen müssen, wenn wir verhindern wollen, dass immer mehr Arten der halboffenen Weidelandschaften von der Erde verschwinden. Das Fehlen des Regensburger Gelblings allein mag das Kartenhaus des Lebensraumes Magerwiese nicht zum Einstürzen bringen. Wenn aber mehr und mehr Mitglieder der Artengemeinschaft fehlen, droht ein Dominoeffekt.

Tausende Jahre lang ist es wirtschaftlich gewesen, die Landschaft so zu nutzen, wie es für Rinder, Büffel und Pferde natürlich war: Sie fraßen an einem Ort, bis es erforderlich war, an einen anderen weiterzuziehen, unter der Aufsicht von Hirten. Damit führten die Tiere in gewissem Sinne die Lebensweise der freilebenden Großtiere aus der vormenschlichen Zeit fort. In den modernen Industrieländern dagegen ist es wirtschaftlicher, die Kühe in Ställe zu sperren und das Futter in den Stall zu bringen. Ihr neuer Lebensraum aus Beton und Edelstahl ist getrennt von der Fläche, auf der die Nahrung wächst. Die Planstelle des Pflanzenfressers Rind in der Natur wurde einfach gestrichen. Durch die Stallhaltung des Milchviehs entfällt die positive Wirkung, die das Rind auf Klima, Vegetation und Tierwelt hat. Schmetterlinge, Fledermäuse, Singvögel und letztlich die Mehrheit der Organismen im Land leiden darunter.

Parallel zum Einstallen der Rinder wurden Pferde und Esel als Arbeitstiere überflüssig. Ihr Job wurde spätestens ab den Fünfzigerjahren des 20. Jahrhunderts vom »Dieselross« und anderen Traktoren übernommen. Zwar wurden die Arbeitspferde in gewisser

Weise und Anzahl durch die Sportpferde der Freizeitreiter ersetzt. Aber auch ihr Leben hat sich, wie beim Rind, plötzlich und grundlegend verändert. Auch sie können ihre Rolle im Naturhaushalt nicht mehr ausfüllen. Die meiste Zeit stehen die Tiere im Stall und erhalten täglich mehr oder weniger Weidegang. Der dient vor allem der Bewegung und der psychischen Gesundheit und nicht der Ernährung. Folglich darf stets mehr als ein Pferd pro Hektar auf die Weide, und so kommt es im Nullkommanichts zu einer massiven Überweidung. Ampfer, Hahnenfuß und andere unbekömmlichen Kräuter werden gemieden und können sich rasant vermehren, zumal der Boden durch die vielen Tiere vielerorts aufgerissen ist und den »Unkräutern« reichlich Gelegenheit zum Keimen bietet.

Der Anspruch von einst, nämlich dass die Landschaft die Tiere auch ernähren muss, existiert nicht mehr. Futter gibt es nach dem Auslauf im Stall, in Form von Heu oder Silage. Auch hier ist die ökologische Großtiereinheit Pferd vom Lebensraum getrennt. Nicht nur von seinem eigenen natürlichen Habitat, sondern auch von dem der Braunkehlchen, Hufeisennasen, Wildkatzen, Zauneidechsen, Goldlaufkäfer, Grauammern, Regensburger Gelblinge & Co. Die Pferdekoppeln sind indes kaum Ersatz. Der artenreiche Großtierlebensraum ist zu einer geschundenen

Arena verkommen. Dazu kommt noch, dass heute die meisten Pferde prophylaktisch mit Medikamenten behandelt werden, vor allem in Form von regelmäßigen Wurmkuren.

Während Pferde auf großen Wilden Weiden keinerlei Prophylaxe benötigen, weil die Wahrscheinlichkeit, sich selbst oder die anderen Herdenmitglieder zu reinfizieren, gering ist, kommt es auf den üblichen Pferdekoppeln zu einem oben bereits beschriebenen Teufelskreis: Viele Tiere geraten häufig mit dem eigenen Kot oder mit jenem ihrer Nachbarn in Berührung, wodurch sich die Parasiten rasant verbreiten können. In der Natur ist eine gewisse Parasitenlast normal und nicht schädlich, doch Pferde, die auf zu engem Raum zusammenleben und nicht wie Wildtiere wandern können, haben häufig zu viele Würmer im Körper und erkranken daran. Die dagegen angewandten Wurmkuren sind aber nicht nur für die Parasiten giftig. Die Medikamente werden mit dem Kot ausgeschieden und vergiften alle möglichen Organismen, die vom Pferdedung leben und die in der Nahrungskette der Natur eigentlich ein wichtiges Glied bilden.

Welch enorm große Rolle der Großtierdung im Kreislauf der Natur spielt, beobachte ich jeden Tag, seitdem sich vor einiger Zeit ein von mir lang gehegter

Traum erfüllte und zwei Wasserbüffel bei uns einzogen. Sie gehören der besonders winterharten Karpatenrasse an und stammen aus dem »Alperstedter Ried« in Thüringen, dem zweihundert Hektar großen Beweidungsprojekt, von dem hier schon die Rede war, da ich mich dort mit der Graslandexpertin Anita Idel verabredet hatte, um über die Rolle der Rinder bei der Kohlenstoffspeicherung im Bodenhumus zu sprechen.

Die beiden Wasserbüffel bewohnen nun ganzjährig ein zweieinhalb Hektar großes Feuchtgebiet hinter unserem Haus. Einen richtigen Stall haben sie noch nie von innen gesehen. Natürlich verfügen sie über einen trockenen und windgeschützten Unterstand, obwohl sie den wahrscheinlich gar nicht bräuchten. Im Winter wächst den beiden ein langes Fell. In diesem schwarzen Kleid und geschmückt mit langen, nach hinten geschwungenen Hörnern, sehen sie wild aus. Bei Wind und Wetter stehen sie draußen und fressen an Schilf, Rohrkolben, Sauergräsern, Weiden und Erlen. Genau das ist der ihnen zugedachte Job.

Die kleine sumpfige Landschaft war, seitdem wir unser Haus bezogen hatten, regelrecht zugewachsen mit Hochstauden, Sträuchern und Bäumen. Im Nu hatten die beiden Landschaftspfleger im schwarzen Fell der wuchernden Vegetation die Stirn geboten und ein buntes Mosaik aus Weiderasen, Baumgruppen und Altgrasbeständen geschaffen. Ein paar Erlen, die der Wind umgeworfen hatte, ließen wir liegen, und wie vermutet fressen die Büffel drum herum. Im dichten Gezweig der abgestorbenen Baumkrone mögen sie nicht so recht grasen. Im Bedarfsfall wären sie von den Ästen an der Flucht gehindert, und daher fühlen sie sich dort wohl unsicher. Die beiden wissen ja nicht, dass es Säbelzahnkatzen, die aus dem nächsten Gebüsch springen könnten, nicht mehr gibt. Weil die beiden Büffel zwischen den dürren Ästen im Wipfel der toten Erle nicht weiden, wachsen dort ganz unbehelligt kleine Weichhölzer heran. »Naturverjüngung« nennt man das im Forstdeutsch, hier geschieht sie allerdings unter besonderen Vorzeichen.

Die Artenvielfalt um unser Haus hat sich mit dem Einzug der beiden Hornträger stark vergrößert. Und das hat auch mit deren Hinterlassenschaften zu tun. Ein Wasserbüffel produziert im Jahr etwa das Zwanzigfache seines Körpergewichtes an Dung. Bei einer halben Tonne Gewicht bedeutet das zehn Tonnen Dung im Jahr, abgesetzt in kompakten, mehrere Kilogramm schweren Haufen. Nimmt man die Verdauungsprodukte unserer beiden Büffel zusammen, ergeben sich so jährlich um die siebentausend Dunghaufen, die in unserer Zweieinhalbhektar-Wildnis anfallen.

Wissenschaftlichen Studien aus England zufolge bewohnen so einen Dunghaufen durchschnittlich tausend Insektenindividuen. Multipliziert man diese Zahl mit der Anzahl der Haufen, erhält man die beeindruckende Menge von sieben Millionen Insekten, die sich im Dung der beiden Karpatenbüffel jedes Jahr entwickeln. Würden die mehr als elf Millionen Rinder, die in Deutschland in Ställen stehen und darauf warten, gemolken und geschlachtet zu werden, auf Weiden leben, wäre dem Insektensterben schnell Einhalt geboten, zumindest was die Biomasse betrifft. Die hat nämlich laut der berühmt gewordenen »Krefeld-Studie« bei uns im Land in den letzten Jahrzehnten um drei Viertel abgenommen. Eine wahrlich dramatische Zahl, nicht nur weil uns vielleicht irgendwann die Bestäuber für unsere Kultur- und Zierpflanzen fehlen. Sondern auch weil von der verfügbaren Insektenmasse die Anzahl der Insektenfresser abhängt. So wie die Anzahl der Pflanzenfresser unter natürlichen Verhältnissen von der verfügbaren Pflanzenmasse bestimmt wird, das hatte uns ja Camilla Fløjgaard, die dänische Ökologin von der Universität Aarhus, erklärt.

Es gibt viele Untersuchungen dazu, wie viel Insektenbiomasse ein Rind (und Wasserbüffel sind ja zoologisch gesehen Rinder) erzeugt. Natürlich schwanken die Werte je nach Größe der Tiere, Art der Nahrung,

Insektenfreundlichkeit des Bodens, geografischer Region, Höhenlage und Jahr. Aber eine plus/minus richtige, wenngleich vereinfachte Zehner-Faustregel zur Biomasse macht deutlich, welchen Wert der Großtierdung in der Natur hat: Tausend Kilogramm Rinderbiomasse erzeugen hundert Kilogramm Insekten im Jahr. Daraus entwickeln sich zehn Kilogramm Kleintiere, und die wiederum erzeugen ein Kilogramm größerer Raubtiere und Greifvögel. Oder anders ausgedrückt: Die Hinterlassenschaften eines Großtiers ernähren also Millionen Insekten und dadurch Tausende Kleintiere wie Eidechsen und Frösche und am Ende auch einen Rotmilan oder einen Iltis.

Es sind vor allem Käfer und Zweiflügler, die den Anfang dieser Nahrungskette im Dung bilden. Darunter sind Tiere mit klangvollen Namen wie die Blumen- und Schnepfenfliegen oder die Haar- und Bartmücken. Die Käfer werden von Bezeichnungen wie »Langbeiniger Pillendreher«, »Mondhornkäfer« und »Goldhaar-Kurzflügler« geschmückt. Manche von ihnen sind mehrere Zentimeter große Brocken, die bei Wiedehopf, Schwarzstirnwürger oder großen Fledermäusen als Beute begehrt sind. Die einst häufige Große Hufeisennase, die sich nur noch an einem einzigen Fleck in Deutschland vermehrt, ist nicht die einzige Fledermausart, die sich darauf spezialisiert hat,

Käfer – in ihrem Fall besonders gerne Mistkäfer – zu fangen.

Andere Dungbewohner sind klein und tummeln sich dafür in großer Zahl. Auch sie haben Abnehmer. Als ich im vergangenen Sommer eines Nachts mit einer Taschenlampe bewaffnet auf unserer Wasserbüffelweide umhergezogen bin, entdeckte ich zahlreiche wenige Wochen alte Grasfrösche, die auf dem kurzgefressenen Weiderasen unterwegs waren und die auffällig oft in der Nähe der frischen Büffelhaufen saßen. Eigentlich naheliegend – werden die Fröschchen hier doch leicht satt. Außerdem können sie sich hier gut bewegen. Die Vegetation außerhalb der Koppel ist nämlich mehr oder weniger hoch, sofern nicht kurz zuvor gemäht wurde. Aus der Sicht eines zwei Zentimeter kleinen Frosches ist so eine Wiese ein ziemlich undurchdringlicher Dschungel. Und so viel Nahrung wie auf einer Weide, auf der es überall Dunghaufen voller Insekten und deren Larven gibt, bietet die Wiese auch nicht.

Dass mehrere Hundert heimische Insektenarten ein Leben in und am Pflanzenfresserdung führen, ist ein Beleg dafür, wie lange schon und wie beständig diese Energiequelle existiert. Dass derart viele Dungliebhaber selten geworden sind, belegt dagegen, wie sehr es an naturnahen Weiden mangelt, auf denen Rinder und Pferde ohne Parasitenprophylaxe auskommen und von dem leben, was auf der Fläche wächst. Am besten ganzjährig, denn nur dann fangen alle Zahnräder im Getriebe der Wilden Weide an sich zu drehen. Im Gegensatz zu vielen anderen Insektengruppen findet man die Dungverwerter zu allen Jahreszeiten, ebenso wie ihre Larven. Das verwundert nicht weiter, ist doch ihre Nahrungsquelle, ihr Habitat, das ganze Jahr über verfügbar, weil es ununterbrochen neu entsteht. Das wiederum bedeutet, dass die Fliegen und Käfer aus den Haufen als Beute für Insektenfresser infrage kommen, ganz gleich zu welcher Jahreszeit.

Am 6. Januar 2022 stehe ich am Wohnzimmerfenster und zähle mit meinem Sohn Anselm die Vögel an der Futterstation, die am Ast eines Baumes hängt. Ich mag die Aktion »Stunde der Wintervögel«, denn ich nehme mir sonst kaum die Zeit für so etwas. Eine Stunde lang schaue ich aus dem Fenster, um die Vogelwelt im Garten zu beobachten. Fast immer erlebe ich dabei etwas Besonderes. Etwa wenn seltene Wintergäste aus dem Norden auftauchen oder wenn plötzlich ein Sperber Jagd auf die Singvögel macht und so das Futterhäuschen für seine ganz eigenen Zwecke und dennoch sinngemäß nutzt.

Das Spannendste an diesem Tag ist jedoch kein nordischer Bergfink und kein heranrauschender Greifvogel. Mich verblüfft eine Amsel, die etwa hundert Meter hinter dem Futterhäuschen auf der Büffelweide am Boden sitzt und eine halbe Stunde lang an ein und derselben Stelle beschäftigt ist. Immer wieder hackt sie auf den Boden ein, gerade so, als wäre da ein Schatz vergraben. Ich kann mir trotz Fernglas keinen Reim darauf machen und spaziere nach abgeschlossener Vogelzählung auf die Weide, um nach der Ursache für das zuvor beobachtete emsige Treiben der schwarzen Drossel zu sehen. Des Rätsels Lösung war schnell gefunden: Die Amsel hatte ein Loch in einen mehrere Wochen alten Büffeldunghaufen gehackt, um tatsächlich einen Schatz zu heben: eine Handvoll Dungkäfer-Engerlinge, die in der Mitte der Haufen überwintern. Verständlich, dass die Amsel bei der Aussicht auf solch eiweißreiche Larven keine Mühen gescheut hat, um an sie heranzukommen. Sich bequem unters Futterhäuschen setzen und auf den Regen aus Sämereien und Rosinen warten, die die Feldsperlinge von oben herabwerfen, kann sie ja immer noch.

Sobald sie einen Dunghaufen mit ihren Fühlern geortet und erfolgreich angeflogen haben, graben die meisten Mistkäfer vor Ort einen Stollen ins Erdreich, der bis zu einen Meter in die Tiefe reichen kann. Dann schaufeln sie portionsweise Dung von der Oberfläche herab, formen daraus Brutbirnen und deponieren sie in kleinen Kammern, in denen sich später ihre Larven entwickeln. Nicht so die Dungkäfer der Gattung *Aphodius*. Erwachsene Käfer kann man bei mildem Wetter bis in den November beobachten. Die Weibchen legen ihre Eier gleich im Haufen ab, und die daraus schlüpfenden Larven graben und fressen sich durch den Kot. Wenn es im Winter kalt wird, verkriechen sie sich, wandern zum tiefsten Punkt in der Mitte des Dunghaufens und sammeln sich dort, wo sie am ehesten vor winterlichem Frost geschützt sind. Und so ein Nest aus Engerlingen hatte die Amsel wohl ausgegraben. Fragt sich nur, woher die Amsel weiß, dass inmitten des komischen dunklen Haufens ein Esslöffel voller nahrhafter Leckerbissen lagert. Das erstaunt mich deswegen so sehr, weil es in der näheren und weiteren Umgebung keine naturnahen Weiden (mehr) gibt, schon gar nicht solche mit Rindern drauf, die nicht entwurmt werden und deren Haufen voller Dunginsekten sind.

Die kleine Büffelweide hinter unserem Haus hat mich schon mit vielem überrascht. Mit dem Verhalten der beiden Büffeldamen selbst, mit dem Auftauchen neuer Arten wie Iltis, Tüpfelsumpfhuhn und Auenschenkelbiene. Mit der plötzlichen Vermehrung von mir besonders geschätzter Tiere wie Kammmolch und Laubfrosch. Und vor allem mit den Wechselbeziehungen zwischen den kleinen und großen Organismen in diesem Naturparadies im Miniaturformat.

Meine Lieblingsbeobachtung mache ich stets im Sommer, und ich kann mich gar nicht daran sattsehen. Wenn die Temperaturen über zwanzig Grad klettern, machen die Wasserbüffel ihrem Namen alle Ehre und suchen die Gräben und Tümpel in ihrer Mini-Wildnis auf, um zu suhlen. Und da spielen sich dann mitunter Dinge ab, die ich ins Reich der Märchen verweisen würde, wenn ich sie nicht so oft mit eigenen Augen gesehen hätte.

Fast immer ist der Ablauf der Vorführung ähnlich: Die gelben Schwimmblüten der Seekanne beginnen zu schaukeln, sobald erst der eine, dann der andere Karpatenbüffel das Ufer des kleinen Tümpels vor der Terrasse unseres Hauses betritt. Zwei mächtige Leiber schieben sich vorbei an Horsten aus Froschlöffelblättern und rosa blühenden Schwanenblumen. Die schwarzen Büffel, beim Vertilgen von Schilf und Schwaden von der Sommersonne ordentlich aufgeheizt, brechen im Wasser förmlich zusammen, sinken hinab in die schlammige Kühle und tauchen prustend und schmatzend wieder auf. Sie beginnen wiederzukäuen und haben dabei einen Gesichtsausdruck, den nur der Stumpfe nicht als genusserfüllt bezeichnen würde.

Noch während die beiden dabei sind, eine angenehme Körperlage zu finden, gehen wieder Wellen vom Teichrand aus, diesmal viel feinere. Von allen Seiten kommen Seefrösche auf die Büffel zugeschwommen, erklimmen deren wie haarige Inseln aus dem Wasser ragende Leiber und setzen sich auf Rücken, Hals und Kopf. Die beiden Megaherbivoren glänzen nicht gerade durch Feinmotorik, schlagen mit den Ohren, dass das Wasser spritzt, schütteln ihre hornbewehrten Schädel, wälzen sich, tauchen ab und wieder auf. Die Frösche aber bleiben in Position und machen keine Anstalten zu flüchten, wie stark sich die schwarzen Berge, auf denen sie Platz genommen haben, auch bewegen. Werden sie doch abgeschüttelt, machen sie sofort kehrt und klettern wieder hinauf.

In einem benachbarten Weiher (ohne Wasserbüffel) habe ich schon oft selbst gebadet und bin etwa beim Beobachten eierlegender Granataugen, einer Libellenart, auch länger im warmen Wasser gedümpelt. Noch nie hat ein Frosch Anstalten gemacht, mich zu erklimmen, gar auf mir sitzen zu bleiben, während ich abtauche oder mich wälze. Und das, obwohl ich dasselbe zu bieten habe wie ein Wasserbüffel! Ich werde in meiner Beobachtungshaltung vor den Libellen nämlich von blutdürstigen Bremsen umschwärmt. Das ist es, worauf es die Seefrösche abgesehen haben. Sie springen auf den badenden Rindern hin und her und schlagen sich den Bauch mit den lästigen Zweiflüglern voll. Eine Symbiose!

Die Bachstelzen, die jedes Jahr bei uns im Fahrradschuppen nisten, haben diese neue, alte Nahrungsquelle ebenfalls entdeckt. Sie nutzen die Hörner der Wasserbüffel als Landeplatz, von dem aus sie hüpfend und in gezielten Stößen die Bremsen erbeuten, die drauf und dran sind, die riesigen Blutkonserven anzuzapfen. Ich stehe als Wildnisenthusiast mit offenem Mund vor dem Seerosentümpel und frage mich erneut, woher die Frösche und Vögel, die bestimmt noch nie ein badendes Rind gesehen haben, wissen, was sie zu tun haben, um satt zu werden. Und warum sie vor nebenan badenden Menschen Reißaus nehmen.

Man darf getrost davon ausgehen, dass auch der Europäische Wasserbüffel, der vor etwa zehntausend Jahren vom Erdboden verschwand, einst zwischen blühenden Schwanenblumen und Seekannen suhlte, von Bremsen belästigt und von Fröschen erklommen wurde. So ist mir angesichts meiner badenden Karpatenbüffeldamen jedes Mal, als würde mir ein Blick in eine längst vergangene Epoche gewährt. Als Büffel, Bremsen und Frösche und die zigtausend anderen Organismen in dem Land zwischen Ostsee und Alpen noch in einer einzigen großen Wildnis lebten.

Ich bin nicht der Einzige, der sich gerne in die Wildnis träumt. Wohl alle Menschen, die gerne draußen sind, ob sie wandern, Vögel beobachten, Freiluftsport treiben oder auf andere Weise die Natur genießen, wissen um den Wert von intakter Natur, wünschen sich mehr davon und bedauern den immer weiter fortschreitenden Rückgang unserer Biodiversität.

Wenn nun Wildnis aus Menschenhand, wie ich sie beschrieben habe, so leicht und kostengünstig herzustellen ist und so gut funktionieren kann, warum lassen wir sie dann nicht häufiger zu? Wenn die Tiere, Pflanzen und Pilze nicht »vergessen« haben, wie sie von den uralten Prozessen und ihren Verursachern profitieren können, warum richten wir dann nicht schnellstmöglich allerorten Gebiete ein, in denen dieses große und ganze Miteinander aufleben kann? Es ist offenkundig, dass sich so gleich mehrere Fliegen mit einer Klappe schlagen ließen.

Großflächige Wilde Weiden bieten allen auf den Roten Listen vermerkten Arten ein Zuhause. Das Wirken der Großtiere formt eine gefällige Landschaft, die offen und parkartig anmutet und voller Leben ist. Eine Landschaft, die eine positive Klimabilanz hat. Nicht obwohl Rinder darauf grasen, sondern genau deswegen. Und schließlich wirft eine solche Wilde Weide auch Profit ab durch Erlebnistourismus, Fotopirsch,

Holz- und Fleischproduktion. Nirgendwo sind diese Dinge mit mehr Nachhaltigkeit verbunden. Gleichzeitig erholt sich die Biodiversität und damit die heimische Natur. Eine Natur, in der es so viel Neues zu entdecken gibt. Denn wo Großtiere die Landschaft gestalten, begründen diese auf einmal Effekte, Wechselspiele und Verhaltensweisen, die wir in den heute üblichen Naturschutzgebieten nicht oder nicht mehr beobachten können.

Letztlich führt richtige Beweidung immer zu mehr Artenvielfalt. Zu mehr Natur. Zu mehr Wildnis. Wenn wir im Naturschutz aufwendig entkusseln, abflämmen, ausbaggern, abholzen, freischneiden und vor allem mähen – wir ersetzen dadurch lediglich das Wirken der großen Tiere, die einst Wildtiere und später Nutztiere waren und die in den letzten zweihundert Jahren aus der Landschaft verschwunden sind. Dabei ist jede menschliche Biotoppflege im Ergebnis mangelhaft, weil sie schlagartig und flächig wirkt und stets große Verluste mit sich bringt. Hinzu kommt: All diese Pflegemaßnahmen verursachen durch den Einsatz von Personen und Maschinen Kosten.

Wilde Weiden dagegen werfen etwas ab. Die »Arbeiten« werden in unendlich vielen kleinen Schritten von den Pflanzenfressern erledigt, die sich von alleine vermehren. Weil das Füttern und Ausmisten bei richtigem Management unterbleiben kann, springt am Ende etwas dabei heraus. Stärker können Ökonomie und Ökologie kaum harmonieren.

Selbst wenn die Weidetiere schwarzbunt gefleckt sind und eine hässliche Ohrmarke tragen, so haben sie doch stets einen mannigfaltigen Nutzen für die Umwelt. Wir müssten nur unsere Vorstellung von dem, was ein intaktes Ökosystem und was Wildnis ist, überdenken.

Das Argument, dass die meisten großen Pflanzenfresser vergangener Warmzeiten unwiederbringlich ausgestorben sind und für ihre Aufgaben im Naturhaushalt nicht mehr zur Verfügung stehen, kann man als ökologisch denkender Mensch getrost außer Acht lassen. Traktoren und Mähwerke gab es ja früher auch nicht. Wenn es darum geht, verloren gegangene Prozesse und Effekte zurückzubringen, brauchen wir die Nutztiere. So wie wir die Bestäubung von Honigbienen schätzen, die ja ebenfalls züchterisch veränderte Haustiere sind und zudem fast überall auf der Welt als gebietsfremd gelten müssten.

Besser ist es allemal, eine nicht ursprüngliche Art in einem Lebensraum zu haben, als dass deren »ökologische Planstelle« vakant bleibt. Lieber kanadische Biber als gar keine Biber. Besser Murnau-Werdenfelser Kühe als gar keine Rinder. Letztlich wäre es sogar besser, wenn bei uns Kamele an einer Dornenhecke knabberten, als dass eine Beweidung unterbleibt. Denn von diesem »Angriff« hängt ab, ob und wie sehr Weißdorn oder Schlehe Stacheln bilden und im Zickzack wachsen. Und das hat einen Einfluss auf den Bruterfolg von Singvögeln, die ihr Nest im mehr oder weniger schützenden Buschwerk bauen.

Viel zu lange waren wir der Ansicht, dass es nur die unbelebten Umweltfaktoren wie Klima und Boden sind, die eine Pflanzenwelt bedingen, die dann ihrerseits eine bestimmte Tierwelt zulässt. Dass es auch umgekehrt geht und die Tiere die Kontrolle über ihr Ökosystem übernehmen und es formen, beginnen wir erst zu verstehen.

Wenn wir neue Schutzgebiete ausweisen, stehen wir vor der Wahl: Wir können die Natur lediglich den unbelebten, abiotischen Gestaltungskräften der Natur, also Feuer, Sturm und Flut, überlassen und den kleinen Tieren, die etwa Samen verstecken und so Gehölze verbreiten. Dann entsteht in der Regel und mit der Zeit ein verhältnismäßig artenarmer Wald. Um bedrohte Offenlandarten zu erhalten, ist es bis heute üblich, dass der Mensch eingreift, mit seinen Maschinen mäht oder punktuell im Herbst mit Schafen beweidet, um besondere Pflanzen zu fördern. Dabei schert er die Bedürfnisse aller dort lebenden Arten über einen Kamm. Das Ganze wird dann unter Kulturlandschaftspflege für den Artenschutz verbucht. Zwar lassen sich auf diese Weise bestimmte Gewächse erhalten und vermehren, seltene Orchideen zum Beispiel. Aber eben nur jene, die mit dem plötzlichen Entfernen der Vegetation zurechtkommen. Die Strukturvielfalt, die mosaikartige Verteilung von Mikrolebensräumen gehen beim »Pflegen« solcher Naturschutzflächen verloren. Am Ende ist so ein Gebiet immer wesentlich artenärmer, als es sein könnte.

Die Alternative zu diesem Dilemma habe ich versucht in diesem Buch aufzuzeigen: Beweidung, mit nicht zu vielen, aber auch nicht zu wenigen Großtieren, in der Regel domestizierten Rindern und Pferden.

Natürlich ist zu berücksichtigen, dass die großen Pflanzenfresser, wenn sie nach Jahrzehnten und Jahrhunderten plötzlich wieder auf eine Fläche dürfen, das bestehende Artengefüge durcheinanderwirbeln. Dass dadurch zwar zahlreiche neue Arten hinzukommen, aber die eine oder andere verschwinden kann. Dann herrscht ein Zielkonflikt, und es liegt an uns zu entscheiden, ob der Schutz bestimmter Organismen vor das Wohl der Artenvielfalt insgesamt geht und im Einzelfall eine Beweidung besser unterbleibt. Letztlich haben wir Menschen die Ökosysteme so stark verändert, dass wir auch weiterhin aktiv auf die Natur achtgeben, Ziele formulieren und Entscheidungen fällen müssen.

Echte Wildnis gibt es bei uns nicht mehr. Aber etwas ganz Ähnliches kann in sehr kurzer Zeit entstehen, wenn wir es zulassen und fortan ein bisschen managen. Dann nimmt das Staunen über die bunte Vielfalt kein Ende.

Eines weiß ich genau: Irgendwann wandere ich durch einen heimischen Nationalpark und spüre wieder, wie groß die Natur ist und wie klein ich selbst darin bin. Es ist Herbst, und in der Ebene vor mir leuchten bunt belaubte Wildobststräucher in der Morgensonne, daneben uralte Eichen und ein vielfarbiges Meer aus Dornsträuchern. Die kahle Senke dahinter ist mit Bodennebel aufgefüllt, aus dem ein tiefes Grunzen dringt. Zögernd gehe ich weiter und bleibe unwillkürlich versteckt hinter einer mächtigen Wildbirne stehen. Die Sonne gewinnt an Kraft, und ihre Strahlen wecken immer mehr Strauchschrecken, Heidegrashüpfer und andere herbstliche Musikanten, und rings um mich beginnt es zu sirren und zu schwirren. Schemenhaft erkenne ich vor dem zaghaften Glitzern des Wassers dunkle Leiber und helle, gebogene Hörner. Dann kracht es. Am Seeufer klären zwei Wasserbüffelbullen das Vorrecht über die umstehenden Kühe. Und während der eine den anderen durch das flache Wasser in die Flucht schlägt, erheben sich Schwärme von Watvögeln und kreisen aufgeschreckt über dem See. Die Scharen aufgeregt flötender Langschnäbel fallen wieder ein, während die Büffelherde am Horizont langsam verschwindet. Sie wird nicht vom Wald verschluckt, der früher hier stand, sondern von einer Landschaft, für die wir im Sprachgebrauch gar keinen richtigen Namen haben. Eine Landschaft, die einerseits all das zugleich ist, was wir an Lebensräumen zuvor immer getrennt hatten. Und andererseits voller Leben und einfach wunderschön.

Eine Landschaft, auf die eine Bezeichnung am besten passt: »Neue Wildnis«.

DANK

Obwohl seit früher Kindheit meine größte Leidenschaft die Kriechtiere und Lurche sind, beschäftige ich mich seit geraumer Zeit hauptsächlich mit den ganz großen Tieren. Nicht zuletzt, weil diese vielfach die Lebensräume für die kleinen Arten schaffen. Als ich begann, mich mit den großen Pflanzenfressern auseinanderzusetzen, ahnte ich nicht, welcher Kosmos sich mir eröffnen würde und was es hier alles zu entdecken gab. Ausgelöst haben mein Interesse an den Megaherbivoren noch im alten Jahrtausend zwei Münchener Biologen, deren Allgemeinbildung weit über den Horizont der Zoologie hinausging: Axel Beutler (†) und Dietrich Schaller. Aber so richtig auf die Spur gebracht haben mich viel später Anita Idel und Herbert Nickel, die zur Speerspitze der Forschung um die Wilden Weiden gehören und bei denen sich akribische Wissenschaft, langjährige Erfahrung und eine unersättliche Freude am Leben auf der Erde auf bewundernswerte Weise mischen. Ihnen und all den anderen Ökologinnen und Ökologen, die nicht davor zurückschrecken, scheinbar Feststehendes zu hinterfragen, neu zu bewerten und ihre Ergebnisse in Veröffentlichungen der Allgemeinheit – und damit auch mir – zugänglich zu machen, bin ich zutiefst dankbar.

Für Auskünfte zur Anzahl der heimischen Organismen und ihrer Lebensraumbindung danke ich besonders Michael Balke, Elisabeth Bauchhenß, Andreas Beck, Malte Busch, Steffen Caspari, Jörg Ewald, Frank Glaw, Axel Hausmann, Anneke van Heteren, Thomas Homm, Peter Karasch, Marion Kotrba, Axel Kwet, Frank Menzel, Christoph Muster, Robert Nordsieck, Hannes Petrischak, Christian Printzen, Josef Reichholf, Eric van Schayck, Olaf Schmidt, Francisco Welter-Schultes und Vollrath Wiese.

Ohne meine Lektorin Julia Hoffmann gäbe es dieses Buch nicht. Sie hat Gefallen am Thema gefunden und seine Entstehung voller Wohlwollen und mit größter redaktioneller Kompetenz begleitet.

Zutiefst dankbar bin ich meiner Frau Melanie. Nicht weil sie meine Interessen duldet. Sondern weil sie sie teilt. Und das Leben mit ihr, mit unseren Kindern, Hunden und zwei Wasserbüffeln auf einer kleinen »Wildnisinsel« inmitten der bayerischen Kulturlandschaft das Beste ist, was mir jemals hätte passieren können.

AUSGEWÄHLTE LITERATUR

Blythe, C. & P. Jepson (2021): Rewilding. The Radical New Science Of Ecological Recovery. Icon Books, London

Bunzel-Drüke, M. et al. (2019): Naturnahe Beweidung und NATURA 2000 – Ganzjahresbeweidung im Management von Lebensraumtypen und Arten im europäischen Schutzgebietssystem NATURA 2000. Hrsg.: Arbeitsgemeinschaft Biologischer Umweltschutz im Kreis Soest e. V. (ABU), Bad Sassendorf-Lohne

Buse, J., Herrmann, B., Roth, S. (2014): Die Dungkäfer einer halboffenen Weidelandschaft mit einer Dauerbeweidung durch Rinder und Pferde. Mainzer naturwissenschaftliches Archiv 51, S. 309–317

Ellenberg, H. & C. Leuscher (2010): Vegetation Mitteleuropas mit den Alpen. 6. Auflage. Verlag Eugen Ulmer, Stuttgart

Fløjgaard, C. et al. (2021): Exploring a natural baseline for large-herbivore biomass in ecological restoration. Journal of Applied Ecology 59, 1, S. 18–24

Fløjgaard, C. et al. (2022): Nibble, cut, stomp and burn: Biodiversity effects of disturbances in fen grassland. Applied Vegetation Science, Bind 25, Nr. 2

Fricke, E. et al. (2022): Collapse of terrestrial mammal food webs since the Late Pleistocene. Science, 377, S. 1008–1011

Idel, A. (2010): Die Kuh ist kein Klimakiller. Wie die Agrarindustrie die Erde verwüstet und was wir dagegen tun können. Metropolis, Marburg

Van Klink, R. et al. (2015): Effects of large herbivores on grassland arthropod diversity. Biol. Rev. Camb. Philos. Soc. vol 90, 2, S. 347–366

Van Kolfschoten, T. (2000): The Eemian mammal fauna of central Europe. Netherlands Journal of Geosciences 79, 2,3, S. 269–281

Kristensen, J. et al. (2021): Can large herbivores enhance ecosystem carbon persistence? Trends in Ecology & Evolution, 37, S. 117–128

Küster, H. (1998): Geschichte des Waldes. Von der Urzeit bis zur Gegenwart. C. H. Beck, München

Nickel et al. (2016): Außerordentliche Erfolge des zoologischen Artenschutzes durch extensive Ganzjahresbeweidung mit Rindern und Pferden: Ergebnisse zweier Pilotstudien an Zikaden in Thüringen, mit weiteren Ergebnissen zu Vögeln, Reptilien und Amphibien. Landschaftspflege und Naturschutz in Thüringen, 53, S. 5–20

Rosenthal, G. et al. (2012): Low-intensity grazing with domestic herbivores: A tool for maintaining and restoring plant diversity in Temperate Europe. Tuexenia 32, S. 167–205

Sandom C. J. et al. (2020): Trophic rewilding presents regionally specific opportunities for mitigating climate change. Philos. Trans. R. Soc. Lond. B, Biol. Sci., 375

Sandom, C. J. et al. (2014): High herbivore density associated with vegetation diversity in interglacial ecosystems. In: Proceedings of the National Academy of Sciences of the United States of America, 111, 11, S. 4162–4167

Schmitz, O. et. al. (2022): Animating the carbon cycle through trophic rewilding could provide highly effective natural climate solutions. Veröffentlichter Vorabdruck

Svenning, J. C. et al. (2011): Applications of species distribution modeling to paleobiology. Quaternary Science Reviews 30, S. 2930–2947

Svenning J. C. et al. (2016): Science for a wilder Anthropocene: Synthesis and future directions for trophic rewilding research. Proc. Natl. Acad. Sci., 113, S. 898–906

Terrer et al. (2021): A trade-off between plant and soil carbon storage under elevated CO_2. Nature 591, S. 599–603

Vikuk, V. et al. (2019): Infection Rates and Alkaloid Patterns of Different Grass Species with Systemic *Epichloë* Endophytes. Applied and Environmental Microbiology, 85, 17

Vislobokova, I. A. et al. (2020): First Discovery of the European Buffalo *Bubalus murrensis* (Artiodactyla, Bovidae) from the Pleistocene of the Russian Plain. Doklady Biological Sciences, Vol. 491, S. 31–34

Wall, R. & L. Strong (1988): Ivermectin and cattle dung: a case for concern. Parasitol. Today 4, 4, S. 107–108

Waßmer, T. (1995): Mistkäfer (Scarabaeoidea et Hydrophilidae) als Bioindikatoren für die naturschützerische Bewertung von Weidebiotopen. Zeitschrift für Ökologie und Naturschutz, 3, S. 135–142

ÜBER DEN AUTOR

Der Biologe Jan Haft, geboren 1967, ist ein vielfach ausgezeichneter Natur- und Tierfilmer, dessen Filme sowohl im Kino wie im Fernsehen gezeigt werden. Seine Filmografie umfasst mehr als hundert Arbeiten. Er lebt mit seiner Frau und drei Kindern auf einem Bauernhof im Isental bei München, wo in dem Feuchtgebiet hinter dem Haus seit einiger Zeit zwei Wasserbüffel die Artenvielfalt bereichern. Sein erstes Buch *Die Wiese. Lockruf in eine geheimnisvolle Welt* erschien 2019 parallel zu seinem Kinofilm *Die Wiese – ein Paradies nebenan,* beide waren ein großer Erfolg. In seinem zweiten Buch *Heimat Natur* (2021), ebenfalls parallel zu einem gleichnamigen Film veröffentlicht, lenkt er den Blick auf die wunderbar vielfältigen Lebensräume, Tiere und Pflanzen vor unserer Haustür. Auch das Thema des vorliegenden Buches hat Jan Haft 2022 in einem Film verarbeitet, er trägt den Titel: *Was ist Wildnis?*

Die Wunder der heimischen Natur

Ein Waldstück, das wir gut kennen, eine Wiese in der Marsch, ein kristallklarer Bergsee, ein Apfelbaum, an dem wir immer wieder vorbeilaufen: Natur berührt uns, sie ist Teil unseres Lebens und lässt uns heimisch sein. Der Biologe und vielfach ausgezeichnete Naturfilmer Jan Haft widmet sich den natürlichen Lebensräumen vor unserer Haustür wie Wiese, Feld, Heide, Moor, Wald und Fluss. Dabei lenkt er unseren Blick auf das unscheinbare Detail wie auf das große Ganze der Natur und führt uns ihren Wert, ihre Schönheit und ihre Gefährdung vor Augen.

Mit vielen eindrucksvollen Fotografien